浙江省科技厅重大科技专项重点农业项目(2009C12054)
《浙江口岸粮谷类有害生物入侵防控体系关键技术研究与应用》

舟山市老塘山港区秋季杂草种类及群落结构特征

殷汉华　主编

U0277106

ZHEJIANG UNIVERSITY PRESS
浙江大学出版社

编委会

（以姓氏笔画为序）

摘　要

对位于舟山国际粮油产业园区的两个粮油加工储存企业——舟山中海粮油工业有限公司(以下简称中海粮油)和浙江省储备粮库舟山库(以下简称省储备库)的厂区和外围展开了杂草(包括灌木性"杂草")调查及群落结构特征研究,并对区域范围内的作物展开了调查。

1.基本查明了舟山老塘山港口 1km 范围(主要是平原,不包括山上)杂草的种类、分类地位,共获得 164 种杂草,其中外来种 38 种(包括 6 种检疫性杂草)。

2.实地拍摄了所有 164 种杂草的原色图谱,以图文并茂的方式介绍了调查区块的杂草,提供了鉴别特征、生物学特性及生境特征相关信息。

3.在中海粮油和省储备库等两个厂区内各设立 9 个杂草研究采样点,在中海粮油外围设立 5 个杂草研究采样点,在省储备库外围设立 4 个杂草研究采样点。省储备库厂区内升马唐的出现频度最高,狗尾草、斑地锦、艾蒿也有较高的频度,说明厂区曾为农作区,检疫性杂草毒莴苣、刺萼龙葵、刺蒺藜草、豚草、长芒苋等均在采样区块内发现。但省储备库外围仅有毒莴苣分布,且主要表现为艾蒿、加拿大一枝黄花等较高植株的杂草群落结构,与厂区内形成鲜明对比。中海粮油厂区内杂草群落表现为荒地特征,频度最高的杂草为艾蒿,狗尾草、加拿大一枝黄花等也有较高的频度。中海粮油外围又表现为农耕地和荒野的双重特征,出现频度高的杂草有狗牙根、斑地锦、狗尾草等,检疫性杂草毒莴苣和假高粱在外围有分布。

4.调查获得了舟山老塘山港口 1km 范围的栽培作物 27 种,其中禾本科有水稻、玉米等,豆科有乌豇豆、扁豆、花生、菜豆、四季豆、豇豆、大豆等,十字花科有萝卜、白菜、青菜等,茄科有辣椒、菜椒、樱桃番茄、茄子等。调查区块内豆科、十字花科、禾本科等作物都是当地居民自发种植的。列出了所有调查得到的栽培植物的分类地位,提供了原色图谱。

前　言

　　本项目实施季节为秋季,调查获得的杂草表现出明显的季节特征。项目实施区域为舟山市老塘山港区 1km 范围,主要调查、摸清区域范围内的杂草及相关栽培作物或野生植物种。

　　项目全面调查了区域范围的杂草,共获得了 164 种杂草或小灌木,实地拍摄了所有调查获得的杂草,在研究报告中的杂草或小灌木图谱全部为项目调查实地拍摄的植物。本项目展开了舟山国际粮油集散中心所辖的两个重要区块——舟山中海粮油工业有限公司和浙江省储备粮库舟山库的厂区内及外围的杂草群落结构特征研究,揭示了这两个重要区块的杂草种群结构状况。

　　在全面调查杂草的同时,对区域范围内十字花科、豆科、禾本科等栽培作物进行了调查,共获得了 27 种栽培作物,并拍摄了作物的原色数码图谱。

　　杂草、小灌木及栽培作物等调查获得的植物种类的生育期存在很大的差异性,特别是杂草种类相对较多,一些杂草的特征器官,如花、果实等未能在调查时获得,因此,可能出现单凭营养器官判定杂草种类的不足,难免出现一定的误判。但为了严谨起见,将所有物种的鉴别特征和原色图谱一并呈上,或为更正提供依据。

　　由于时间紧,或季节上出现非特征植物器官展现的时节,报告中的错误在所难免,万望指正!当然由于本人水平有限,未能透析其中需要解析的科学问题,衷心感谢批评指正!

编者

2015 年 4 月

目　录

第1部分　舟山市老塘山港区概况

1.1　调查区块地理位置

老塘山港区是舟山港最大的对外开放公用性综合港区,位于定海西南方向,东经 121°58′48″,北纬 30°02′57″,距离定海市区 9km,距离舟山市(新城)18km。本研究调查杂草区块为港区 1km 范围区域内,其中红色圆形为 1km 监管区域(图 1)。

图 1　舟山市老塘山港区杂草调查区块地理位置

1.2　港区国际粮油产业园区建成前调查区块的土地利用情况

港区国际粮油产业园区建成前主要为旱耕地、水田、荒芜地等,居民在调查区块内多以种植蔬菜为主。

1.3 港区粮食进口状况

由于地理位置优越,又是深水港,舟山不仅是浙江省辖区内最主要的进境粮食口岸,也是长江中下流多个港口的减载港。舟山口岸进口粮谷类产品自 2004 年以来逐年稳步增加,目前已成为我国重要粮油集散、加工基地之一,整个港区及毗邻地区的一次性仓储能力达到 50 万吨,年加工能力达到 150 万吨以上。目前舟山口岸进口粮食已占全国进口粮食的 5% 左右,其粮食的来源地主要为美国、加拿大、巴西、阿根廷、澳大利亚等国。从 2004 年的 50 万吨,到 2014 年的 400 万吨,舟山口岸进口粮食数量增长了 7 倍。

目前,舟山港减载的进口粮食批次占整条长江岸线总进口批次的 8 成以上,全国超过 10% 的进口粮食是从舟山口岸转入上海、南通、张家港、泰州、镇江、南京、江阴、重庆等长江沿岸地区,覆盖了几乎整个长江中下流的进口粮食加工储运企业。

舟山口岸进口粮食主要集中在老塘山粮油集散中心,该中心具有优良的深水岸线资源,拥有 5 万吨级兼靠 8 万吨级码头 2 个,20 万吨级减载平台一座,5000 吨级码头 1 个,年吞吐进口粮食超过 500 万吨。毗邻港区的浙江省舟山储备中转粮库是具备 18 万吨的进口粮油储备库,通过密闭传送带与码头连接,年中转进口粮食超过 60 万吨,已成为浙江省最大的进口中转粮库。与进口粮油储备库毗邻的 1 家大型粮油加工厂——舟山中海粮油工业有限公司,通过传送带与码头连接,日加工能力为 5000 吨,是中国十大民营油脂加工厂之一。

1.4 港区或成为外来杂草夹带传入的重要区域

老塘山国际粮油产业园区是新区打造国际物流岛的一大重要区块,总面积 4.87km^2,为全省重点打造的全国性粮食物流基地之一。随着老塘山国际粮油产业园区投入使用,通过调运粮油而夹带传入外来杂草的风险也随之增加,港区或成为外来杂草夹带传入的重要区域。

老塘山港区1km范围秋季杂草种类和分类地位

2.1 调查方法

2013年9月9日至9月13日,采用普查方法,对老塘山港区1km范围内的平原杂草种类进行了实地踏勘,记载调查获得的杂草。

2.2 原色数码图谱的获取

用数码相机拍摄所有调查获得的杂草,为种类的确认、物种的鉴别提供便利。

2.3 疑难杂草或不易辨识杂草鉴定

由于杂草生育期存在很大的差异性,一些杂草仅通过调查时的植株器官,或不能准确辨识,或存在疑难,则通过资料查阅、网络信息等途径鉴定。

2.4 老塘山港区1km范围秋季杂草种类和分类地位

通过现场记载、数码图谱获取、疑难或不易辨识杂草的反复考证,舟山老塘山港区1km范围调查获得秋季杂草或小灌木共164种(表1)。其中,菊科种类最多,有26种;其次为禾本科,共23种;苋科列第三,有12种。多数杂草或小灌木为本地种,38种为外来种,其中6种为检疫性杂草,即假高粱(*Sorghum halepense* (L.) Pers.)、蒺藜草(*Cenchrus echinatus* L.)、长芒苋(*Amaranthus palmeri* S. Watson.)、黄花刺茄(*Solanum rostratum* Dunal)、豚草(*Ambrosia artemisiifolia* Linn.)、毒莴苣(*Lactuca serriola* L.)。

表 1　舟山市老塘山港区杂草及小灌木植物种类

序号	杂草及小灌木植物名	分类地位
1	芦竹 *Arundo donax* Linn.	禾本科 Gramineae
2	芦苇 *Phragmites australis* (Cav.) Trin. ex Steud.	禾本科 Gramineae
3	千金子 *Leptochloa chinensis* (Linn.) Nees	禾本科 Gramineae
4	虮子草 *Leptochloa panicea* (Retz.) Ohwi	禾本科 Gramineae
5	牛筋草 *Eleusine indica* (Linn.) Gaertn.	禾本科 Gramineae
6	狗牙根 *Cynodon dactylon* (Linn.) Pers.	禾本科 Gramineae
7	假稻 *Leersia japonica* (Makino) Honda	禾本科 Gramineae
8	光头稗 *Echinochloa colonum* (Linn.) Link	禾本科 Gramineae
9	长芒稗 *Echinochloa caudata* Roshev.	禾本科 Gramineae
10	旱稗 *Echinochloa hispidula* (Retz.) Nees	禾本科 Gramineae
11	无芒稗 *Echinochloa crusgali* (Linn.) Beauv. var. *mitis* (Pursh) Peterm.	禾本科 Gramineae
12	双穗雀稗 *Paspalum paspaloides* (Michx.) Scribn.	禾本科 Gramineae
13	升马唐 *Digitaria ciliaris* (Retz.) Koel.	禾本科 Gramineae
14	毛马唐 *Digitaria chrysoblephara* Fig. et De Not.	禾本科 Gramineae
15	大狗尾草 *Setaria faberi* R. A. W. Herrm.	禾本科 Gramineae
16	狗尾草 *Setaria viridis* (Linn.) Beauv.	禾本科 Gramineae
17	金色狗尾草 *Setaria glauca* (L.) Beauv.	禾本科 Gramineae
18	大画眉草 *Eragrostis cilianensis* (All.) Link. ex Vignclo-Lutati	禾本科 Gramineae
19	荻 *Triarrhena sacchariflora* (Maxim.) Nakai.	禾本科 Gramineae
20	白茅 *Imperata cylindrica* (L.) Beauv. var. *major* (Ness) C. E. Hubb.	禾本科 Gramineae
★●21	假高粱 *Sorghum halepense* (L.) Pers.	禾本科 Gramineae
★●22	蒺藜草 *Cenchrus echinatus* L.	禾本科 Gramineae
23	糠稷 *Panicum bisulcatum* Thunb.	禾本科 Gramineae
24	扁秆藨草 *Scirpus planiculmis* Fr. Schmidt	莎草科 Cyperaceae
25	日照飘拂草 *Fimbristylis miliacea* (Linn.) Vahl	莎草科 Cyperaceae
26	两歧飘拂草 *Fimbristylis dichotoma* (Linn.) Vahl	莎草科 Cyperaceae
27	香附子 *Cyperus rotundus* Linn.	莎草科 Cyperaceae
28	碎米莎草 *Cyperus iria* Linn.	莎草科 Cyperaceae
29	异型莎草 *Cyperus difformis* Linn.	莎草科 Cyperaceae
30	水莎草 *Juncellus serotinus* (Rottb.) C. B. Clarke	莎草科 Cyperaceae
31	葎草 *Humulus scandens* (Lour.) Merr.	桑科 Moraceae
32	葡蟠 *Broussonetia kaempferi* Sieb.	桑科 Moraceae
33	苎麻 *Boehmeria nivea* (Linn.) Gaud.	荨麻科 Urticaceae
34	萹蓄 *Polygonum aviculare* Linn.	蓼科 Polygonaceae
35	酸模叶蓼 *Polygonum lapathifolium* Linn.	蓼科 Polygonaceae

（续表）

序号	杂草及小灌木植物名	分类地位
36	绵毛酸模叶蓼 *Polygonum lapathifolium* Linn. var. *salicifolium* Sibth.	蓼科 Polygonaceae
37	长花蓼 *Polygonum macranthum* Meisn.	蓼科 Polygonaceae
38	杠板归 *Polygonum perfoliatum* Linn.	蓼科 Polygonaceae
39	酸模 *Rumex acetosa* Linn.	蓼科 Polygonaceae
40	羊蹄 *Rumex japonicus* Houtt.	蓼科 Polygonaceae
41	齿果酸模 *Rumex dentatus* Linn.	蓼科 Polygonaceae
●42	土荆芥 *Chenopodium ambrosioides* L.	藜科 Chenopodiaceae
43	尖头叶藜 *Chenopodium acuminatum* Willd	藜科 Chenopodiaceae
44	灰绿藜 *Chenopodium glaucum* Linn.	藜科 Chenopodiaceae
45	小藜 *Chenopodium serotinum* Linn.	藜科 Chenopodiaceae
46	藜 *Chenopodium album* Linn.	藜科 Chenopodiaceae
47	圆头藜 *Chenopodium strictum* Roth	藜科 Chenopodiaceae
48	地肤 *Kochia scoparia*（Linn.）Schrad.	藜科 Chenopodiaceae
49	青葙 *Celosia argentea* Linn.	苋科 Amaranthaceae
●50	鸡冠花 *Celosia cristata* Linn.	苋科 Amaranthaceae
●51	刺苋 *Amaranthus spinosus* L.	苋科 Amaranthaceae
●52	反枝苋 *Amaranthus retroflexus* L.	苋科 Amaranthaceae
●53	苋 *Amaranthus tricolor* L.	苋科 Amaranthaceae
●54	皱果苋 *Amaranthus viridis* L.	苋科 Amaranthaceae
55	凹头苋 *Amaranthus lividus* Linn.	苋科 Amaranthaceae
★●56	长芒苋 *Amaranthus palmeri* S. Watson.	苋科 Amaranthaceae
●57	繁穗苋 *Amaranthus paniculatus* L.	苋科 Amaranthaceae
58	牛膝 *Achyranthes bidentata* Blume	苋科 Amaranthaceae
59	莲子草 *Alternanthera sessilis*（Linn.）DC.	苋科 Amaranthaceae
●60	空心莲子草 *Alternanthera philoxeroides*（Mart.）Griseb.	苋科 Amaranthaceae
●61	紫茉莉 *Mirabilis jalapa* Linn.	紫茉莉科 Nyctaginaceae
●62	美洲商陆 *Phytolacca americana* Linn.	商陆科 Phytolaccaceae
63	粟米草 *Mollugo pentaphylla* Linn.	番杏科 Aizoaceae
64	马齿苋 *Portulaca oleracea* Linn.	马齿苋科 Portulacaceae
65	千金藤 *Stephania japonica*（Thunb.）Miers	防己科 Menispermaceae
66	木防己 *Cocculus orbiculatus*（Linn.）DC.	防己科 Menispermaceae
67	紫堇 *Corydalis edulis* Maxim.	罂粟科 Papaveraceae
68	黄醉蝶花 *Cleome viscosa* Linn.	白花菜科 Capparidaceae
●69	臭荠 *Coronopus didymus*（L.）J. E. Smith	十字花科 Cruciferae
70	独行菜 *Lepidium apetalum* Willd.	十字花科 Cruciferae
71	无瓣蔊菜 *Rorippa dubia*（Pers.）Hara	十字花科 Cruciferae
72	茅莓 *Rubus parvifolius* Linn.	蔷薇科 Rosaceae
73	蛇莓 *Duchesnea indica*（Andrews）Focke	蔷薇科 Rosaceae

（续表）

序号	杂草及小灌木植物名	分类地位
74	野蔷薇 *Rosa multiflora* Thunb.	蔷薇科 Rosaceae
75	龙牙草 *Agrimonia pilosa* Ledeb.	蔷薇科 Rosaceae
●76	田菁 *Sesbania cannabina*（Retz.）Poir.	豆科 Leguminosae
77	美丽胡枝子 *Lespedeza formosa*（Vog.）Koehne	豆科 Leguminosae
78	截叶铁扫帚 *Lespedeza cuneata*（Dum. Cours.）G. Don	豆科 Leguminosae
79	黄香草木樨 *Melilotus officinalis*（L.）Pallas.	豆科 Leguminosae
80	鸡眼草 *Kummerowia striata*（Thunb.）Schindl.	豆科 Leguminosae
81	葛藤 *Pueraria lobata*（Willdenow）Ohwi	豆科 Leguminosae
82	野大豆 *Glycine soja* Sieb. et Zucc.	豆科 Leguminosae
83	酢浆草 *Oxalis corniculata* Linn.	酢浆草科 Oxalidaceae
84	算盘子 *Glochidion puberum* Linn.	大戟科 Euphorbiaceae
85	铁苋菜 *Acalypha australis* Linn.	大戟科 Euphorbiaceae
●86	蓖麻 *Ricinus communis* Linn.	大戟科 Euphorbiaceae
87	地锦草 *Euphorbia humifusa* Willd.	大戟科 Euphorbiaceae
●88	斑地锦 *Euphorbia supina* Raf.	大戟科 Euphorbiaceae
●89	白苞猩猩草 *Euphorbia heterophylla* Linn.	大戟科 Euphorbiaceae
90	凤仙花 *Impatiens balsamina* Linn.	凤仙花科 Balsaminaceae
91	小叶葡萄 *Vitis sinocinerea* W. T. Wang	葡萄科 Vitaceae
92	蛇葡萄 *Ampelopsis sinica*（Miq.）W. T. Wang	葡萄科 Vitaceae
93	牯岭蛇葡萄 *Ampelopsis brevipedunculata*（Maxim.）Maxim. ex Trautv. var. *kulingensis* Rehd.	葡萄科 Vitaceae
94	异叶蛇葡萄 *Ampelopsis humulifolia* var. *heterophylla*（Thunb.）K. Koch	葡萄科 Vitaceae
95	乌蔹莓 *Cayratia japonica*（Thunb.）Gagnep.	葡萄科 Vitaceae
●96	苘麻 *Abutilon theophrasti* Medic.	锦葵科 Malvaceae
97	白背黄花稔 *Sida rhombifolia* Linn.	锦葵科 Malvaceae
98	马松子 *Melochia corchorifolia* Linn.	梧桐科 Sterculiaceae
99	柽柳 *Tamarix chinensis* Lour.	柽柳科 Tamaricaceae
100	犁头叶堇菜 *Viola magnifica* C. J. Wang et X. D. Wang	堇菜科 Violaceae
101	紫花地丁 *Viola yedoensis* Makino	堇菜科 Violaceae
102	水苋菜 *Ammannia baccifera* Linn.	千屈菜科 Lythraceae
103	野菱 *Trapa incisa* Sieb. et Zucc	菱科 Trapaceae
104	丁香蓼 *Ludwigia epilobioides* Maxim.	柳叶菜科 Onagraceae
●105	野胡萝卜 *Daucus carota* Linn.	伞形科 Umbelliferae
106	胡萝卜 *Daucus carota* Linn. var. *sativa* DC.	伞形科 Umbelliferae
107	络石 *Trachelospermum jasminoides*（Lindl.）Lem.	夹竹桃科 Apocynaceae
108	萝藦 *Metaplexis japonica*（Thunb.）Makino	萝藦科 Asclepiadaceae
●109	三裂叶薯 *Ipomoea triloba* L.	旋花科 Convolvulaceae
●110	裂叶牵牛 *Pharbitis nil*（Linn.）Choisy	旋花科 Convolvulaceae

（续表）

序号	杂草及小灌木植物名	分类地位
● 111	圆叶牵牛 *Pharbitis purpurea*（Linn.）Voigt	旋花科 Convolvulaceae
● 112	白花牵牛 *Ipomoea biflora*（Linn.）Persoon	旋花科 Convolvulaceae
● 113	茑萝 *Quamoclit pennata*（Desr.）Boj.	旋花科 Convolvulaceae
● 114	美女樱 *Verbena hybrida* Voss	马鞭草科 Verbenaceae
115	牡荆 *Vitex negundo* Linn.	马鞭草科 Verbenaceae
116	益母草 *Leonurus artemisia*（Laur.）S. Y. Hu	唇形科 Lamiaceae
117	荔枝草 *Salvia plebeia* R. Br.	唇形科 Lamiaceae
118	薄荷 *Mentha haplocalyx* Briq.	唇形科 Lamiaceae
119	紫苏 *Perilla frutescens*（Linn.）Britt.	唇形科 Lamiaceae
120	石荠苧 *Mosla scabra*（Thunb.）C. Y. Wu et H. W. Li	唇形科 Lamiaceae
121	海州香薷 *Elsholtzia splendens* Nakai ex F. Maekawa	唇形科 Lamiaceae
122	酸浆 *Physalis alkekengi* Linn. var. *franchetii*（Mastsumura）Makino	茄科 Solanaceae
123	龙葵 *Solanum nigrum* Linn.	茄科 Solanaceae
★● 124	黄花刺茄 *Solanum rostratum* Dunal	茄科 Solanaceae
125	阴行草 *Siphonostegia chinensis* Benth.	玄参科 Scrophulariaceae
126	爵床 *Rostellularia procumbens*（L.）Nees	爵床科 Acanthaceae
127	车前 *Plantago asiatica* Linn.	车前科 Plantaginaceae
128	鸡屎藤 *Paederia scandens*（Lour.）Merr.	茜草科 Rubiaceae
129	白花蛇舌草 *Hedyotis diffusa* Willd.	茜草科 Rubiaceae
130	白花败酱 *Patrinia villosa*（Thunb.）Juss.	败酱科 Valerianaceae
131	败酱 *Patrinia scabiosaefolia* Fisch. ex Trev.	败酱科 Valerianaceae
● 132	加拿大一枝黄花 *Solidago canadensis* Linn.	菊科 Compositae
133	普陀狗哇花 Heteropappus arenarius Kitamura	菊科 Compositae
134	狗哇花 *Heteropappus hispidus*（Thunb.）Less.	菊科 Compositae
135	马兰 *Kalimeris indica*（Linn.）Sch. -Bip.	菊科 Compositae
● 136	钻形紫菀 *Aster subulatus* Michx.	菊科 Compositae
137	三脉紫菀 *Aster ageratoides* Turcz.	菊科 Compositae
● 138	小飞蓬 *Conyza canadensis*（L.）Cronq.	菊科 Compositae
● 139	野塘蒿 *Conyza bonariensis*（L.）Cronq.	菊科 Compositae
● 140	苏门白酒草 *Conyza sumatrensis*（Retz.）Walker	菊科 Compositae
141	苍耳 *Xanthium sibiricum* Patrin. ex Widder	菊科 Compositae
★● 142	豚草 *Ambrosia artemisiifolia* Linn.	菊科 Compositae
143	鳢肠 *Eclipta prostrata* Linn.	菊科 Compositae
● 144	大狼把草 *Bidens frondosa* Linn.	菊科 Compositae
145	羽叶鬼针草 *Bidens maximowicziana* Oett.	菊科 Compositae
146	野菊 *Dendranthema indicum*（Linn.）Des Moul.	菊科 Compositae
147	黄花蒿 *Artemisia annua* Linn.	菊科 Compositae

（续表）

序号	杂草及小灌木植物名	分类地位
148	艾蒿 *Artemisia argyi* Levl. et Vant.	菊科 Compositae
149	小蓟（刺儿菜）*Cirsium setosum* （Willd.）MB.	菊科 Compositae
150	鼠麹草 *Gnaphalium affine* D. Don	菊科 Compositae
151	苣荬菜 *Sonchus arvensis* Linn. / *Sonchus brachyotus* DC.	菊科 Compositae
●152	续断菊 *Sonchus asper* （Linn.）Hill.	菊科 Compositae
●153	苦苣菜 *Sonchus oleraceus* Linn.	菊科 Compositae
154	山莴苣 *Lactuca indica* Linn.	菊科 Compositae
155	多裂翅果菊 *Pterocypsela laciniata* （Houtt.）Shih	菊科 Compositae
156	台湾翅果菊 *Pterocypsela formosana* （Maxim.）Shih	菊科 Compositae
★●157	毒莴苣 *Lactuca serriola* L.	菊科 Compositae
158	香蒲 *Typha orientalis* Presl.	香蒲科 Typhaceae
159	水烛 *Typha angustifolia* Linn.	香蒲科 Typhaceae
160	水鳖 *Hydrocharis dubia* （Bl.）Backer	水鳖科 Hydrocharitaceae
161	鸭跖草 *Commelina communis* Linn.	鸭跖草科 Commelinaceae
162	饭包草 *Commelina bengalensis* Linn.	鸭跖草科 Commelinaceae
163	鸭舌草 *Monochoria vaginalis* （Burm. f.）Presl ex Kunth	雨久花科 Pontederiaceae
●164	水葫芦 *Eichhornia crassipes* （Mart.）Solms	雨久花科 Pontederiaceae

注：●为外来入侵杂草或外来杂草；★为检疫性杂草。

第3部分　老塘山港区1km范围秋季杂草的特征鉴别及原色图谱

3.1　芦竹 *Arundo donax* Linn.

中文异名：荻芦竹、旱地芦苇、芦竹笋

英文名：giant reed；carrizo；arundo；Spanish cane；Colorado river reed；wild cane

分类地位：禾本科（Gramineae）芦竹属（*Arundo* Linn.）

形态学鉴别特征：多年生草本。

①根：具根茎，须根粗壮。

②茎：直立，粗大，株高 2～6m，径 1～1.5cm，常具分枝。

③叶：长披针形，扁平，长 30～60cm，宽 2～5cm，嫩时表面及边缘微粗糙。叶鞘较节间为长，无毛或其颈部具长柔毛。叶舌膜质，截平，长 1.5mm，先端具短细毛。

④花：圆锥花序较紧密，直立，长 30～60cm，分枝稠密，斜向上升。小穗长 2～12mm，含 2～4 朵小花。小穗轴节间长 1～1.5mm。颖披针形，长 8～10mm，具 3～5 脉。外稃亦具 3～5 脉，中脉延伸成长 1～2mm 之短芒，背面中部以下密生略短于稃体的白柔毛，基盘长 0.5mm，上部两侧具短柔毛。第 1 外稃长 8～10mm。内稃倒卵状长椭圆形，长为外稃的 1/2。

⑤果实:颖果长 0.35cm。

⑥种子:胚为颖果长的 1/2。

生物学特性:花果期 9～12 月。

生境特性:多生于河岸、路边。

3.2 芦苇 *Phragmites australis* (Cav.) Trin. ex Steud.

中文异名:苇子、芦柴

拉丁文异名:*Phragmites communis* Trin. ; *Phragmites vulgaris* B. S. P.

英文名:common reed

分类地位:禾本科(Gramineae)芦苇属(*Phragmites* Adans.)

形态学鉴别特征:多年生草本。

①根:根状茎发达,节间中空,入土深,横走的根状茎黄白色,每节生有 1 芽,节上生须根。

②茎:直立,株高 1～3m,具分枝,径 1～4cm,具 20 多节,基部和上部的节间较短,最长节间位于下部第 4～6 节,长 20～40cm,节下通常具白色蜡粉。

③叶:长线形或长披针形,排列成两行,长 15～45cm,宽 1～3.5cm,无毛,顶端长渐尖成丝形。下部叶鞘较短,上部的较长,通常长于其节间,圆筒形,无毛或有细毛。叶舌边缘密生 1 圈长 1mm 的短纤毛,两侧缘毛长 3～5mm,易脱落。

④花:圆锥花序大型,顶生,长 20～40cm,宽 10cm。分枝多数,斜上伸展,长 5～20cm,着生稠密下垂的小穗,下部枝腋间生有长柔毛。小穗柄长 2～4mm,无毛,小穗长 12mm,含小花 4～7 朵。颖具 3 脉。第 1 颖长 4mm,第 2 颖长 7mm。第 1 外稃雄性,不育,长 8～15mm。第 2 外稃长 11mm,具 3 脉,顶端长渐尖,基盘棒状,延长,两侧密生 6～12mm 长的丝状柔毛,与小穗轴连接处具明显关节,成熟后易自关节上脱落。内稃长 3～4mm,脊上粗糙。雄蕊 3 枚,花药长 1.5～2mm,黄色。

⑤果实:颖果椭圆形,长 1.5mm,与内稃和外稃分离。

生物学特性:根茎芽早春萌发,夏末抽穗开花,晚秋成熟。

生境特性:生于河旁、堤岸、湖边,常与荻混合生长形成大片芦苇荡。

3.3 千金子 *Leptochloa chinensis*(Linn.)Nees

中文异名:绣花草、畔茅

英文名: Chinese sprangletop

分类地位:禾本科(Gramineae)千金子属(*Leptochloa* Beauv.)

形态学鉴别特征:1 年生草本。

①根:须状根。

②茎:少数丛生,株高 30～90cm,直立,或基部膝曲或倾斜,着土后节上易生不定根,平滑无毛。具 3～6 节,下部节上常分枝。

③叶:长披针形,扁平或稍卷折,长 10～25cm,宽 2～6mm,先端长渐尖,基部圆形,两面及边缘微粗糙或下面平滑。叶鞘无毛,多短于节间,疏松包茎。叶舌膜质,长 1～2mm,上缘截平,撕裂呈流苏状,有小纤毛。

④花:圆锥花序多数,纤细,单一,直立或开展,呈尖塔形,长 10～30cm,径 5～8cm,主轴粗壮,中上部有棱和槽,无毛,主轴和分枝均微粗糙。小穗两侧压扁,多带紫色,长 2～4mm,有 3～7 朵小花,小穗柄长 0.8mm,稍粗糙。颖片具 1 脉,脊上稍粗糙。第 1 颖长 1～1.5mm,披针形,先端渐尖,第 2 颖长 1.2～1.8mm,长圆形,先端急尖。外稃倒卵状长圆形,长 1.5～1.8mm,先端钝,有 3 脉,中脉成脊,中下部及边缘被微柔毛或无毛。第 1 外稃长 1.5～2mm。内稃长圆形,比外稃略短,膜质透明,具 2 脉,脊上微粗糙,边缘内折,表面疏被微毛。花药 3 个,长 0.5mm。

⑤果实:颖果长圆形或近球形。

⑥种子:长 1mm。

生物学特性:苗期 5～6 月,花果期 8～11 月。种子经越冬休眠后萌发。

生境特性:生于路旁、山谷、溪边、园圃、潮湿地、田边或稻田中,低湿地极为常见。海拔 200～1020m。

3.4 虮子草 *Leptochloa panicea*（Retz.）Ohwi

拉丁文异名:*Dinebra panicea*（Retz.）P. M. Peterson & N. Snow

英文名:mucronate sprangletop

分类地位:禾本科（Gramineae）千金子属（*Leptochloa* Beauv.）

形态学鉴别特征:1 年生草本或多年生草本。与千金子的主要区别在于:叶鞘及叶片通常疏生有疣基的柔毛,小穗具 2～4 朵小花,长 1～2mm,第 2 颖通常长于第 1 外稃。

①根:须状根。

②茎:较细弱,高 30～60cm。

③叶:质薄,扁平,长 6～18cm,宽 3～6mm,无毛或疏生具疣基柔毛。叶鞘疏生有疣基的柔毛。除基部叶鞘外,均短于节间。叶舌膜质,多撕裂,或顶端呈不规则齿裂,长 2mm。

④花:圆锥花序长 10～30cm,分枝细弱,微粗糙。小穗灰绿色或带紫色,长 1～2mm,具 2～4 朵小花。颖膜质,具 1 脉,脊上粗糙。第 1 颖较狭窄,长 1mm,顶端渐尖。第 2 颖较宽,长 1.4mm。外稃具 3 脉,脉上被细短毛,先端钝。第 1 外稃长 1mm,顶端钝。内稃稍短于外稃,脊上具纤毛。花药长 0.2mm。

⑤果实:颖果圆球形。

⑥种子:长 0.5mm。

生物学特性:花果期 8～9 月。

生境特性:多生于田野、园圃或路边草丛。

3.5 牛筋草 *Eleusine indica*（**Linn.**）**Gaertn.**

中文异名:蟋蟀草

英文名:goosegrass；wire grass

分类地位:禾本科(Gramineae)穆属(*Eleusine* Gaertn.)

形态学鉴别特征:1年生草本。

①根:根系极发达,须根细而密。

②茎:丛生,直立或基部膝曲,株高 15～90cm。

③叶:扁平或卷折,长达 15cm,宽 3～5mm,无毛或表面具疣状柔毛。叶鞘压扁,具脊,无毛或疏生疣毛,口部有时具柔毛。叶舌长 1mm。

④花:穗状花序长 3～10cm,宽 3～5mm,常为数个呈指状排列(罕为 2 个)于茎顶端,有时其中 1 个或 2 个花序可生于其他花序之下。小穗有花 3～6 朵,长 4～7mm,宽 2～3mm。颖披针形,第 1 颖长 1.5～2mm,第 2 颖长 2～3mm。第 1 外稃长 3～3.5mm,脊上具狭翼。内稃短于外稃,脊上具小纤毛。

⑤果实:矩圆形,近三角形。

⑥种子:卵形,长 1.5mm,有明显的波状皱纹。

生物学特性:花果期 6～10 月。种子经冬季休眠后萌发。

生境特性:习见于山坡、旷野、荒芜地、路旁、湿地、草丛等。海拔 800～1000m。

3.6 狗牙根 *Cynodon dactylon*（**Linn.**）**Pers.**

中文异名:绊根草、爬根草、马拌草、草板筋

英文名:Bermuda grass；Bahama grass；Indian couch；Australian couch；

Fiji couch；devil grass；dog's tooth grass

分类地位：禾本科(Gramineae)狗牙根属(*Cynodon* Rich.)

形态学鉴别特征：多年生草本。

①根：具地下根状茎，横走，须根坚韧，节上生细根。

②茎：匍匐地面，长可达 1m，节上生根及分枝。花序轴直立，株高 10～30cm。

③叶：狭披针形至线形，长 1～6cm，宽 1～3mm，互生，下部因节间短缩似对生。叶鞘有脊，鞘口常有柔毛。叶舌短，有纤毛。

④花：穗状花序长 1.5～5cm，3～6 个呈指状簇生于秆顶。小穗灰绿色或带紫色，长 2～2.5mm，通常有 1 朵小花。颖狭窄，在中脉处形成背脊，有膜质边缘，长 1.5～2mm，和第 2 颖等长或稍长。外稃革质或膜质，与小穗等长，具 3 脉，脊上有毛。内稃与外稃几乎等长，有 2 脊。花药黄色或紫色，长 1～1.5mm。

⑤果实：颖果矩圆形，长 1mm，淡棕色或褐色，顶端具宿存花柱，无茸毛。

⑥种子：细小。脐圆形，紫黑色。胚钜圆形，凸起。

生物学特性：3～4 月初从匍匐茎或根茎上长出新芽，4～5 月迅速扩展蔓延，交织成网状而覆盖地面，6 月开始陆续抽穗、开花、结实，10 月份颖果成熟、脱落。喜光而不耐阴，喜湿而较耐旱。对土壤质地和适应范围较宽，从黏壤土到沙壤土、从酸性土到黏土都能生长。

生境特性：生于路边、荒地、园区、田边、旷野草地、农田等。

3.7 假稻 *Leersia japonica*（Makino）Honda

中文异名：无

拉丁文异名：*Homalocenchrus japonicus*（Makino ex Honda）Honda

英文名：Leersia hexandra

分类地位：禾本科(Gramineae)假稻属(*Leersia*)

形态学鉴别特征:多年生草本。

①根:须根系,具地下根茎。

②茎:下部匍匐或偃卧,节上生多分枝的须根。上部直立或近直立或斜升,高60～90cm,径1.0～2.5mm,节上生有环状白色茸毛。

③叶:披针形,长5～15cm,宽4～10mm,粗糙或下面光滑,中脉白色,叶脉及叶缘具倒生茸毛。叶鞘通常短于节间,粗糙或平滑。叶舌膜质,长1～3mm,先端截平,基部两侧与叶鞘愈合。

④花:圆锥花序长12～20cm,分枝细,具棱角,稍压扁,直立或斜升,光滑或粗糙,可再分小枝,下部1/3～1/2无小穗。小穗含1朵小花,矩圆形,长6～8mm,具0.5～2.0mm小柄,草绿色或带紫色。颖缺。外稃脊和两侧具刺毛。内稃具3脉,中脉上有刺毛。雄蕊6枚,花药长3mm。

⑤果实:颖果细长,棕黄色。

生物学特性:种子和根茎发芽,气温需稳定到12℃。一般4～5月出苗,5～6月分蘖,6月拔节,7～8月抽穗、开花、颖果成熟。种子边成熟边脱落,不耐水淹。

生境特性:通常生于河边、池塘浅水、湖边、水田、溪沟旁、湿地等。

3.8 光头稗 *Echinochloa colonum*(Linn.)Link

拉丁文异名:*Panicum colonum* L.

英文名:awnless barnyard grass

分类地位:禾本科(Gramineae)稗属(*Echinochloa* Beauv.)

形态学鉴别特征:1年生草本。

①根:须根系。

②茎:直立,株高10～60cm。基部各节可具分枝。

③叶:扁平,线形,长3～20cm,宽3～7mm,无毛,边缘稍粗糙。叶鞘压扁,背

具脊,无毛。叶舌缺。

④花:圆锥花序狭窄,长 5～10cm,主轴具棱,通常无疣基长毛,棱边上粗糙。花序分枝长 1～2cm,排列稀疏,直立上升或贴向主轴,穗轴无疣基长毛或仅基部被 1～2 根疣基长毛。小穗卵圆形,长 2～2.5mm,具小硬毛,无芒,较规则的成四行排列于穗轴的一侧。第 1 颖三角形,长为小穗的 1/2,具 3 条脉。第 2 颖与第 1 外稃等长、同形,顶端具小尖头,具 5～7 条脉,间脉常不达基部。第 1 小花常中性,其外稃具 7 条脉,内稃膜质,稍短于外稃,脊上被短纤毛。第 2 外稃椭圆形,平滑,光亮,边缘内卷,包着同质的内稃。鳞被 2 片,膜质。

⑤果实:颖果椭圆形。

⑥种子:长 2mm。

生物学特性:花果期 7～10 月。

生境特性:多生于田野、园圃、路边潮湿处。

3.9　长芒稗 *Echinochloa caudata* **Roshev.**

英文名：long-awned barnyardgrass

分类地位：禾本科（Gramineae）稗属（*Echinochloa* Beauv.）

形态学鉴别特征：1 年生草本。

①根：须根庞大。

②茎：粗壮。幼时有时呈红色，丛生，直立或基部膝曲，株高 40～150cm，光滑无毛。

③叶：线形至披针形，长 10～40cm，宽 1～2cm，先端锐尖，两面无毛，边缘增厚而粗糙，有绿色细锐锯齿，主脉明显。叶鞘光滑或常有瘤基毛（毛常脱落而仅存瘤基）或仅有糙毛或仅其边缘有毛。无叶舌及叶耳。

④花：圆锥花序下垂，长 15～30cm，径 1.5～4cm，芒长 15～50mm，有时呈紫色。花序主轴粗糙，具棱，粗壮，上部紧密，下部稍松散，疏被瘤基长毛，分枝密集，常再分小枝。小穗卵状椭圆形，常带紫色，长 3～4mm，脉上具硬刺毛，有时疏生瘤基毛，密集于穗轴的一侧。第 1 颖小，三角状卵形，长为小穗的 1/3～2/5，先端尖，具 3 脉。第 2 颖与小穗等长，先端有 0.1～0.2mm 的短尖头，具 5 脉。第 1 外稃草质，大狭卵形，先端具 1.5～5cm 的长芒，具 5 脉，脉上疏生刺毛有细毛和长刚毛。内稃膜质，先端具细毛，边缘有纤毛。第 2 外稃革质，光亮，边缘包卷同质的内稃。鳞被 2 片，楔形，折叠，具 5 脉。雄蕊 3 枚。花柱基分离。

⑤果实：颖果椭圆形，骨质，长 2.5～3.5mm，具光泽，凸面有纵脊，黄褐色。

⑥种子：卵形，尖端长 2.5～3mm，白色或棕色，密包于稃内不易脱出，腹面扁平，脐粒状，乳白色，无光泽。

生物学特性：晚春型杂草，花果期 7～10 月。喜温暖湿润环境，适应性强，耐酸碱、耐旱，也能生长在浅水中。12～35℃种子都可以萌发，在 0～10cm 的土层内均可出苗，土壤表层出苗率高。

生境特性：生于沼泽、沟渠旁、低洼荒地、稻田、潮湿旱地。

3.10　旱稗 *Echinochloa hispidula*（Retz.）Nees

拉丁文异名：*E. crus-galli*（L.）Beauv. var. *hispidula*（Retz.）Honda；*E. crus-galli* subsp. *hispidula*（Retz.）Honda

分类地位：禾本科（Gramineae）稗属（*Echinochloa* Beauv.）

形态学鉴别特征：1年生草本。圆锥花序分枝单纯，不具分枝。小穗较大，长4～6mm，具5～15mm 短芒。

①根：须根系。

②茎：基部倾斜或膝曲，株高 40～90cm。

③叶：扁平、线形，长 10～30cm，宽 6～12mm。叶鞘平滑无毛。叶舌缺。

④花：圆锥花序狭窄，长 5～15cm，宽 1～1.5cm，分枝上不具小枝，有时中部轮生。小穗卵状椭圆形，长 4～6mm。第 1 颖三角形，长为小穗的 1/2～2/3，基部包卷小穗。第 2 颖与小穗等长，具小尖头，有 5 条脉，脉上具刚毛或有时具疣基毛，芒长 0.5～1.5cm。第 1 小花通常中性，外稃草质，具 7 条脉，内稃薄膜质，第 2 外稃革质，坚硬，边缘包卷同质的内稃。

⑤果实：颖果椭圆形。

⑥种子：长 4mm。

生物学特性：花果期 7～10 月。

生境特性：生于田边、沼泽地、路旁水湿处。

3.11 无芒稗 *Echinochloa crusgali*（Linn.）Beauv. var. *mitis*（Pursh）Peterm.

中文异名：落地稗

英文名：beardless barnyardgrass；awnless barnyardgrass

分类地位：禾本科（Gramineae）稗属（*Echinochloa* Beauv.）

形态学鉴别特征：1年生草本。

①根:须根系。

②茎:单生或多蘖丛生,直立或倾斜,株高 50～120cm,绿色或基部带紫红色。

③叶:条形,长 20～30cm,宽 6～10mm,边缘粗糙。叶鞘光滑无毛。无叶舌。

④花:圆锥花序尖塔形,较狭窄,直立或微弯,长 15～18cm,分枝 10 个以上,长 3～6cm。总状花序互生或对生或近轮生状,有小分枝,着生 3～10 个小穗,下部多,顶端少。小穗长 4～5mm,无芒,或有短芒,但芒长不超过 3mm,顶生小穗上具硬刺状疣基毛。

⑤果实:颖果椭圆形,凸面有纵脊,黄褐色。

⑥种子:长 2.5～3.5mm。

生物学特性:花果期 6～7 月。种子渐次成熟,边熟边落,经冬季休眠后萌发。

生境特性:生于水田、果园、菜地、路边等。

3.12 双穗雀稗 *Paspalum paspaloides*（Michx.）Scribn.

中文异名:红拌根草

拉丁文异名:*P. distichum* Linn. var. *indutum* Shinners；*Digitaria paspaloides* Michx.

英文名:knotgrass；water couch；gramilla blanca；salaillo；groffe doeba；eternity grass；gharib

分类地位:禾本科(Gramineae)雀稗属(*Paspalum* Linn.)

形态学鉴别特征:多年生草本。

①根:须根系,根系深长。匍匐茎横走、粗壮,节上生根,长达 1m。

②茎:基部横卧地面,节上易生根,直立部分高 20～40cm,节生柔毛。

③叶:披针形,稍扁平,质地较柔软,长 3～15cm,宽 2～6mm,无毛。叶鞘短于节间,背部具脊,边缘或上部被柔毛。叶舌长 1.5～2cm,无毛。

④花：总状花序通常 2 个，长 2～6cm，近对生，位于顶端，张开成叉状，稀于下方再生 1 个或 3 个。小穗 2 行排列，椭圆形，长 3～3.5mm，顶端尖，疏生微柔毛。第 1 颖不存在或微小。第 2 颖膜质，具明显的中脉，背面被微毛，边缘无毛。第 1 外稃与第 2 颖同质同形，具 3～5 条脉，通常无毛，顶端尖。第 2 外稃草质，灰色，长 2.5mm，顶端有少数细毛。

⑤果实：颖果近圆形。

⑥种子：棕黑色。

生物学特性：花果期 5～9 月，通常夏季抽穗。在长江中下游地区 4 月初根茎萌芽，6～8 月升至最快，并产生大量花枝，花期较长。

生境特性：生于稻田、田边、沟边、旱地低湿处、浅水域、路边等。

3.13　升马唐 *Digitaria ciliaris*（Retz.）Koel.

中文异名：拌根草

拉丁文异名：*D. adscendens*（H. B. K.）Henr.

英文名：southern crabgrass

分类地位：禾本科（Gramineae）马唐属（*Digitaria* Hall.）

形态学鉴别特征：1 年生草本，为马唐属最常见的杂草。

①根：须状根。

②茎：秆基横卧、倾斜，着地后节处易生根，具多节，节上分枝，株高 30～90cm。

③叶：线性或披针形，长 5～20cm，宽 3～10mm，两面疏生柔毛，边缘稍厚，微粗糙。叶鞘常短于节间，多生具疣基的软毛。叶舌膜质，先端钝圆，长 1～3mm。

④花：总状花序 5～8 个，长 5～17cm，上部互生或呈指状排列于茎顶，下部的近轮生。穗轴宽 1mm，边缘粗糙，中肋白色，翼绿色。小穗披针形，长 3～3.5mm，孪生于穗轴之一侧，一小穗具长柄，另一小穗近无柄或具极短柄。小穗柄微粗糙，

顶端截平。第1颖小,三角形。第2颖长,披针形,长为小穗的2/3,具3脉,脉间及边缘有纤毛。第1外稃与小穗等长,具7脉,脉平滑,正面具5脉,脉间距不等,中脉两侧的脉间较宽,无毛,侧脉间及边缘具柔毛。第2外稃椭圆状披针形,革质,黄绿色或带铅色,顶端渐尖,与小穗等长,覆盖内稃。花药长0.5～1mm。

⑤果实:颖果椭圆形透明。

⑥种子:长2～3mm。

生物学特性:花果期5～10月。

生境特性:生于田野、路旁草丛、荒野、荒坡、山坡草地。

3.14 毛马唐 *Digitaria chrysoblephara* Fig. et De Not.

分类地位:禾本科(Gramineae)马唐属(*Digitaria* Hall.)

形态学鉴别特征:1年生草本。

①根:须状根。

②茎:基部倾卧,着土后节易生根,具分枝,株高30～100cm。

③叶:线状披针形,长5～20cm,宽3～10mm,两面多少生柔毛,边缘微粗糙。叶鞘多短于其节间,常具柔毛。叶舌膜质,长1～2mm。

④花:总状花序4～10个,长5～12cm,呈指状排列于顶端。穗轴宽1mm,中肋白色,占其宽的1/3,两侧之绿色翼缘具细刺状粗糙。小穗披针形,长3～3.5mm,宽1～1.2mm,孪生于穗轴一侧,一小穗具长柄,另一小穗无柄或极短。小穗柄三棱形,粗糙。第1颖小,三角形。第2颖披针形,长为小穗的2/3,具3脉,脉间及边缘生柔毛。第1外稃与小穗等长,具7脉,脉平滑,中脉两侧的脉间较宽而无毛,间脉与边脉间具柔毛及疣基刚毛,成熟后,柔毛和疣基刚毛均平展张开。第2外稃淡绿色,与小穗等长。花药长1mm。

⑤果实:颖果细小。

⑥种子:长 1mm。

生物学特性:花果期 6～10 月。

生境特性:路旁田野。

3.15　大狗尾草 *Setaria faberi* R. A. W. Herrm.

中文异名:大狗尾巴草

英文名:giant foxtail; Japanese bristlegrass; large green bristle grass; tall green bristlegrass; Chinese foxtail; Chinese millet; giant bristlegrass; nodding foxtail

分类地位:禾本科(Gramineae)狗尾草属(*Setaria* Beauv.)

形态学鉴别特征:1 年生草本。

①根:须状根密集。

②茎:基部具支柱根。粗壮而高大,直立或基部膝曲,株高 50～120cm,径可达 6mm,光滑无毛。

③叶:线状披针形,长 10～40cm,宽 5～20mm,边缘具细锯齿,无毛或上面有疣毛。叶鞘松弛,边缘具细纤毛,部分基部叶鞘边缘膜质无毛。叶舌膜质,具密集的长 1～2mm 的纤毛。

④花:圆锥花序紧缩呈圆柱状,长 5～24cm,宽 6～13mm(芒除外),直立或倾斜或下垂。主轴有柔毛。小穗椭圆形,长 3mm,顶端尖,下有 1～3 条较粗而直的刚毛,刚毛通常绿色,粗糙,长 5～15mm。小穗轴脱节于颖之下。第 1 颖长为小穗的 1/3～1/2,宽卵形,先端尖,具 3 条脉,第 2 颖长为小穗的 3/4 或稍短,少数长为小穗的 1/2,具 5～7 条脉。第 1 外稃与小穗等长,具 5 条脉,内稃膜质,狭小,长为小穗的 1/3～1/2。第 2 外稃与第 1 外稃等长,先端尖,具细横皱纹,成熟后背部膨胀隆起。鳞被楔形。花柱基部分离。

⑤果实:颖果椭圆形。

⑥种子:长 2～3mm。

生物学特性:花果期 7～10 月。喜温暖湿润气候,耐旱。

生境特性:生于山坡、路旁、田野、荒野、湿地等。

3.16 狗尾草 *Setaria viridis*〔Linn.〕Beauv.

中文异名:绿狗尾草、谷莠子、狗尾巴草、莠

拉丁文异名:*Pennisetum alopecuroides*〔Linn.〕Spreng

英文名:green bristle grass

分类地位:禾本科(Gramineae)狗尾草属(*Setaria* Beauv.)

形态学鉴别特征:1 年生草本。

①根:须根系。

②茎:疏丛生,直立或基部膝曲,株高 20～90cm,通常较细弱,在花序以下密生柔毛。

③叶:条状披针形,扁平,长 3～15cm,宽 4～12mm,顶端渐尖,基部略呈圆形或渐窄,通常无毛或疏生疣毛。叶鞘松弛,光滑,鞘口有柔毛,两侧压扁。叶舌膜质,具长 1～2mm 的纤毛。

④花:圆锥花序紧密,呈圆柱形,长 2～10cm,直立或微倾斜。小穗轴脱节于颖之下。刚毛多数,长 4～12mm,粗糙,绿色、黄色或紫色。小穗椭圆形,长 2～2.5mm,2 至数个簇生于缩短的分枝上,具明显的总梗,成熟后与刚毛分离而脱落。第 1 颖卵形,长为小穗的 1/3,具 1～3 条脉。第 2 颖与小穗等长或稍长,具 5～7 条脉。第 1 外稃与小穗等长,具 5～7 条脉,内稃狭窄。第 2 外稃长圆形,先端钝,较第 1 外稃短,边缘卷抱内稃,具细点状皱纹,熟时背部稍隆起。

⑤果实:颖果灰褐色至近棕色,长圆形,腹面扁平。

⑥种子：长 1.5～2mm。

生物学特性：花果期 5～10 月。种子经冬眠后萌发。喜光、耐旱、耐瘠。

生境特性：生于林缘、山坡、旱耕地、果园、苗圃、庭院、路旁、旷野、草地、湿地等。

3.17　金色狗尾草 *Setaria glauca*（L.）Beauv.

中文异名：黄狗尾草、黄安草

拉丁文异名：*Setaria lutescens*（Weigel）F. T. Hubb.

英文名：golden bristlegrass；yellow foxtail

分类地位：禾本科（Gramineae）狗尾草属（*Setaria* Beauv.）

形态学鉴别特征：1 年生草本植物。

①根：须根系。

②茎：单生或疏丛生，直立或基部倾斜膝曲，具 4～6 节，近地面节可生根，株高 20～90cm，光滑无毛，仅花序下面稍粗糙。

③叶：线状披针形或狭披针形，长 5～35cm，宽 4～8mm，先端长渐尖，基部钝圆，上面粗糙，通常两面无毛或仅于腹面基部疏被长柔毛。叶鞘下部扁压，具脊，淡红色，上部圆形，光滑无毛，边缘薄膜质，光滑无毛。叶舌具 1 圈长 1mm 的柔毛。

④花：圆锥花序紧密，直立，呈圆柱状，长 3～17cm，宽 4～8mm（刚毛除外），主轴被微柔毛。刚毛金黄色或稍带褐色，稍粗。小穗椭圆形，含 1～2 朵小花，先端尖，通常在 1 簇中仅 1 个发育。第 1 颖宽卵形或卵形，长 4～8mm，长为小穗的 1/3～1/2，先端尖，具 3 脉。第 2 颖宽卵形，长为小穗的 1/2～2/3，先端稍钝，有 5～7脉。第 1 外稃与小穗等长或略短，具 5 脉，内稃膜质，与外稃近等长，具 2 脉。第 2外稃，革质，与第 1 外稃等长，先端尖，成熟时背部极隆起，通常为黄色，具明显的横皱纹。谷粒先端尖，成熟时有明显的横皱纹，背部极隆起。鳞被楔形。花柱基部联合。

⑤果实:颖果宽卵形,暗灰色或灰绿色,脐明显,近圆形,褐黄色。腹面扁平。

⑥种子:长 1～2mm。胚椭圆形,长占颖果的 2/3～3/4,色与颖果相同。

生物学特性:花果期 6～10 月。耐瘠耐旱,对土壤要求不严。

生境特性:生于苗圃、田间、荒野、路旁等。

3.18　大画眉草 *Eragrostis cilianensis*（All.）Link. ex Vignclo-Lutati

拉丁文异名:*Briza eragrostis* L.；*Eragrostis major* Host；*Eragrostis megastachya*（Koel.）Link；*Poa cilianensis* All.；*Poa megastachya* Koel.

英文名:stinkgrass；candy grass；gray lovegrass

分类地位:禾本科（Gramineae）画眉草属（*Eragrostis* Beauv.）

形态学鉴别特征:1 年生草本。新鲜时植株有鱼腥味。

①根:须根系。

②茎:丛生,粗壮,直立或基部常膝曲,株高 30～90cm,径 3～5mm,具 3～5 个节,节下有 1 圈明显的腺体。

③叶:线形,扁平或内卷,伸展,长 6～20cm,宽 2～7mm,无毛,叶脉上与叶缘均有腺体。叶鞘短于节间,疏松裹茎,脉上有腺体,鞘口具长柔毛。叶舌退化为 1 圈成束的短毛,长 0.5mm。

④花:圆锥花序长圆形或尖塔形,长 5～20cm,分枝粗壮,单生,上举,腋间具柔毛,小枝和小穗柄上均有黄色腺体。小穗长圆形或卵状长圆形,铅绿色、淡绿色至乳白色,扁压并弯曲,长 5～20mm,宽 2～3mm,有 5 朵至多数小花。小穗除单生外,常密集簇生。颖先端尖,近等长,长 2mm,颖具 1 条脉或第 2 颖具 3 条脉,脊上均有腺体。外稃呈广卵形,先端钝,第 1 外稃长 2.5mm,宽 1mm,侧脉明显,主脉有腺体,暗绿色而有光泽。内稃宿存,稍短于外稃,脊上具短纤毛。雄蕊 3 枚,花药长 0.5mm。

⑤果实:颖果近圆形,径 0.7mm。

⑥种子:长 0.5mm。

生物学特性:花果期 7～10 月。

生境特性:生于路边、荒野草丛、田边、山谷水边、石坡、河边沙地、荒地、山坡疏林、草甸、旱耕地等。

3.19　荻 *Triarrhena sacchariflora*（Maxim.）Nakai.

中文异名:红刚芦、红柴

拉丁文异名:*Triarrherca sacchariflora*（Maxin.）Nakai

英文名:Amur silver grass; silver banner grass; silver plume grass

分类地位:禾本科(Gramineae)荻属(*Triarrhena* Nakai)

形态学鉴别特征:多年生草本。

①根:根状茎发达,细根多。地下茎粗壮,被鳞片。

②茎:直立,无毛,具多节,节有长须毛。株高 1～1.5m,径 0.5～2cm。

③叶:线形,长 20～50cm,宽 5～18mm,除上面基部密生柔毛外,其余均无毛,主脉明显。叶鞘有毛或无毛,下部的长于节间。叶舌长 0.5～1mm,先端钝圆,有 1 圈纤毛。

④花:圆锥花序扇形,长 10～20cm,主轴无毛,仅在总状花序腋间有短毛。每节具 1 个短柄和 1 个长柄小穗。小穗草黄色,成熟后带褐色,无芒,藏于白色丝状毛内,基盘上的白色丝状毛长于小穗 2 倍。第 1 颖 2 脊间具 1 脉或无脉,顶端膜质长渐尖,边缘和背部具长柔毛。第 2 颖舟形,稍短于第 1 颖,上部有 1 个脊,脊缘有丝状毛,边缘透明膜质,有纤毛。第 1 外稃披针形,较颖稍短,先端尖,具小纤毛和 3 条脉。第 2 外稃短于颖片的 1/4,先端尖,具小纤毛,无芒,稀具 1 条微小的短芒,有 1 条不明显的脉;内稃卵形,长为外稃的 1/2,先端不规则齿裂,具长纤毛。雄蕊 3 枚,花药长 2～2.5mm。

⑤果实:颖果长圆形。

⑥种子:长1.5mm。

生物学特性:花果期8~10月。耐瘠薄土壤。

生境特性:生于山坡、山谷、荒野、滩地、沟边、湿地、路旁等。常形成优势植物群落。

危害:为果园和路埂常见杂草,发生量小,危害轻。

传播扩散特性:种子繁殖及根状茎无性繁殖。繁殖力极强。果实随风力传播扩散。

3.20 白茅 *Imperata cylindrica* (L.) Beauv. var. *major* (Ness) C. E. Hubb.

中文异名:茅草、茅针、茅根、丝茅

英文名:cogongrass;lalang grass;pantropical weed

分类地位:禾本科(Gramineae)白茅属(*Imperata* Cyr.)

形态学鉴别特征:多年生草本。

①根:根茎密生鳞片。

②茎:丛生,直立,株高30~80cm,具1~3节,节无毛。

③叶:线形或线状披针形,扁平,长5~60cm,宽2~8mm,先端渐尖,基部渐狭,背面及边缘粗糙,主脉在背面明显突出,渐向基部变粗而质硬。叶鞘无毛,老时在基部常破碎呈纤维状,或上部及边缘和鞘口有纤毛。叶舌膜质,长1mm。

④花:圆锥花序圆柱状,长5~20cm,宽1.5~3cm,分枝短缩密集,基部有时疏松或间断。小穗披针形或长圆形,长3~4mm,基部密生长10~15mm的丝状柔毛。第1颖狭,具3~4条脉。第2颖宽,具4~6条脉。第1外稃卵状长圆形,长1.5mm,先端钝。第2外稃披针形,长1.2mm,先端尖。内稃长1.2mm,宽1.5mm。雄蕊2枚,花药黄色,长3mm。柱头2枚,紫黑色。

⑤果实:带稃颖果,基部密生长7.8~12mm的白色丝状柔毛。

⑥种子:细小,长 0.5～1.5mm。

生物学特性:花果期 4～6 月。抗逆性强,喜光,耐阴,耐瘠薄,耐旱,喜湿润疏松土壤,在适宜的条件下,根状茎可长达 2～3m 以上,能穿透树根,断节再生能力强。

生境特性:路旁、田边、旷野草丛。

★●3.21 假高粱 *Sorghum halepense*（Linn.）Pers.

中文异名:石茅、亚刺伯高粱、约翰逊草

拉丁文异名:*Holcus halapensis* Linn.

英文名:Johnson grass

分类地位:禾本科（Gramineae）蜀黍（高粱）属（*Sorghum* Moench）

形态学鉴别特征:多年生宿根性杂草。外来入侵杂草。

①根:须根发达。具匍匐根状茎,根茎分布深度为 5～40cm,最深可达 50～70cm,根茎径粗 0.3～1.8cm。根茎节上有须根,腋芽。

②茎:直立,株高80～300cm,径5～20mm,偶有分枝。

③叶:线形至线状披针形,长20～70cm,宽1～4cm,顶端长渐尖,基部渐狭,被白色绢状疏柔毛,中脉白色粗厚,边缘粗糙,常有细微小刺齿。叶鞘无毛,或基部节上微有柔毛。叶舌膜质,长1.8mm,顶端近截平,具缘毛。

④花:圆锥花序大,淡紫色至紫黑色,长15～50cm,主轴粗糙,分枝轮生,基部与主轴交接处常有白色柔毛,上部常数次分出小枝,小枝顶端着生总状花序。每1总状花序具2～5节,其下裸露部分长1～4cm,其节间易折断,与小穗柄均具柔毛或近无毛。穗轴与小穗轴均被纤毛,小穗多数,小穗轴具关节。小穗成对着生,其中1个无柄,椭圆形或卵状椭圆形,长4～5.5mm,宽2mm,熟后灰黄色或淡棕黄色,基盘钝,被短柔毛,两性,能结实。颖薄革质。第1颖具5～7条脉,脉上部明显,横脉于腹面较清晰,顶端有微小而明显的3齿,上部1/3处具2脊,脊上有狭翼,翼缘有短刺毛。第2颖上部具脊,略呈舟形。第1外稃披针形,稍短于颖,透明膜质,具2条脉,边缘有纤毛。第2外稃长圆形,长为颖的1/3～1/2,顶端微2裂,主脉由齿间伸出成芒,芒长5～11mm,膝曲扭转,也可全缘均无芒。内稃狭,长为颖之1/2。鳞被2枚,宽倒卵形,顶端微凹。雄蕊3枚。花柱2枚,仅基部联合,柱头帚状。有柄小穗雄性,长5～7mm,狭窄,颜色较深,质地较薄,披针形,柄被白色长柔毛。结实小穗成熟后自关节脱落,脱落处整齐,成为自然脱离。脱落小穗第2颖背面上部明显具有关节的小穗轴2个,小穗轴边缘上具纤毛。

⑤果实:颖果倒卵形或椭圆形,长2.6～3.2mm,宽1.5～1.8mm,暗红褐色,表面乌暗,无光泽,顶端钝圆,具宿存花柱。

⑥种子:卵形,长3～5mm,熟时暗红色至黑色。胚椭圆形,大而明显,长为颖果的2/3。脐圆形,深紫褐色。

生物学特性:花果期6～10月。在籽苗和芽苗出现以后3周,地下茎短枝形成,并且出现次生分蘖。开花延续时间长。在花期,根茎迅速增长。根茎形成的最低温度在15～20℃之间。根茎在秋天进入休眠,次年根茎上的芽萌发出芽苗,长成新的植株。结实一般在7～9月间,每个圆锥花序可结500～2000个颖果(籽实)。种子休眠期可达20年以上。

生境特性:假高粱耐肥、喜湿润(特别是定期灌溉处)及疏松的土壤,常混杂在多种作物田间,主要有苜蓿(*Medicago sativa*)、棉花(*Gossypium hirsutum*)、黄麻(*Corchorus capsularis*)、红麻(*Hibiscus cannabinus*)、高粱(*Sorghum bicolor*)、玉米(*Zea mays*)、大豆(*Glycine max*)及小麦(*Triticum aestivum*)等作物。菜园、柑橘(*Citrus reticulata*)幼果园、葡萄(*Vitis* spp.)园、烟草(*Nicotiana tabacum*)地等也有发生。沟渠附近、河流、湖泊沿岸及路边也有可能发生。对不同生境适应性强,在我国港口、公路边、公路边农田中及粮食加工厂附近发生尤为普遍。

★● 3.22　蒺藜草 *Cenchrus echinatus* L.

中文异名：刺蒺藜草

英文名：southern sandspur；southern sandbur；Mossman River grass

分类地位：禾本科（Gramineae）蒺藜草属（*Cenchrus* L.）

形态学鉴别特征：1 年生草本。

①根：须根粗壮。

②茎：株高 50cm，基部膝曲或横卧地面，节处生根，下部节间短，常具分枝。

③叶：线形或狭长披针形，质较软，长 5～40cm，宽 4～10mm，上面近基部疏生长 4mm 的长柔毛或无毛。叶鞘松弛，压扁具脊，上部叶鞘背部具密细疣毛，近边缘处有密细纤毛，下部边缘多数为宽膜质无纤毛。叶舌短小，具长 1mm 的纤毛。

④花：总状花序直立，长 4～8cm，宽 1cm。花序主轴具棱粗糙；刺苞呈稍扁圆球形，长 5～7mm，宽与长近相等，刚毛在刺苞上轮状着生，具倒向粗糙，直立或向内反曲，刺苞背部具较密的细毛和长绵毛，刺苞裂片 1/3 或中部稍下处连合，边缘被平展较密长 1.5mm 的白色纤毛，刺苞基部收缩呈楔形，总梗密具短毛，每刺苞内具小穗 2～6 个，小穗椭圆状披针形，顶端较长渐尖，含 2 小花。颖薄质或膜质，第一颖三角状披针形，先端尖，长为小穗的 1/2，具 1 脉。第二颖长为小穗的 2/3～3/4，具 5 脉。第一小花雄性或中性，第一外稃与小穗等长，具 5 脉，先端尖，其内稃狭长，披针形，长为其第一外稃 2/3，第二小花两性，第二外稃具 5 脉，包卷同质的内稃，先端尖，成熟时质地渐变硬。鳞被缺如；花药长 1mm，顶端无毛。柱头帚刷状，长 3mm。

⑤果实：颖果椭圆状扁球形，长 2～3mm，背腹压扁。

⑥种子：种脐点状，胚为果长的 1/2～2/3。

生物学特性：花果期夏季。

生境特性:多生于干热地区临海的砂质土草地。

3.23 糠稷 *Panicum bisulcatum* **Thunb.**

拉丁文异名:*P. acroanthum* Steudel;*P. acroanthum* Steudel var. *brevipedicellatum* Hackel;*P. coloratum* F. Müller;*P. melananthum* F. Müller

英文名:Japanese panicgrass

分类地位:禾本科(Gramineae)黍属(*Panicum* Linn.)

形态学鉴别特征:1年生草本。

①根:须根系。

②茎:纤细,较坚硬,高 0.5~1m,直立或基部伏地,节上可生根。

③叶:质薄,狭披针形,长 5~20cm,宽 3~15mm,顶端渐尖,基部近圆形,几无毛。叶鞘松弛,边缘被纤毛。叶舌膜质,长 0.5mm,顶端具纤毛。

④花:圆锥花序长 15~30cm,分枝纤细,斜举或平展,无毛或粗糙。小穗椭圆形,长 2~2.5mm,绿色或有时带紫色,具细柄。第 1 颖近三角形,长为小穗的 1/2,具 1~3 脉,基部略微包卷小穗。第 2 颖与第 1 外稃同形、等长,均具 5 条脉,外被细毛或后脱落。第 1 内稃缺。第 2 外稃椭圆形,长 1.8mm,顶端尖,表面平滑,光亮,成熟时黑褐色。鳞被长 0.26mm,宽 0.19mm,具 3 脉,透明或不透明,折叠。

⑤果实:颖果圆形,黑色。

⑥种子:卵形,长 0.5~1.5mm。

生物学特性:花果期 9~11 月。

生境特性:生于山坡草丛、荒野、路旁、田间、湿地等。

3.24 扁秆藨草 *Scirpus planiculmis* Fr. Schmidt

中文异名:海三棱、紧穗三棱草、野荆三棱

拉丁文异名:*Bolboschoenus planiculmis* (F. Schmidt) T. V. Egorova

英文名:flatstalk bulrush

分类地位:莎草科(Cyperaceae)藨草属(*Scirpus* Linn.)

形态学鉴别特征:多年生草本。

①根:具匍匐根状茎和块茎。

②茎:较细,株高 30～90cm,三棱柱形,平滑,基部膨大,接近花序部分粗糙。

③叶:基生或茎生,线形,扁平,宽 2～5mm,基部具长叶鞘。叶状苞片 1～3片,长于花序,边缘粗糙。

④花:聚伞花序头状,具小穗 1～6 个。小穗卵形或长圆卵形,长 10～16mm,褐锈色,具多数花。鳞片长圆形或椭圆形,长 6～8mm,膜质,褐色或深褐色,疏被柔毛,背面有 1 条稍宽的中脉,先端有撕裂状缺刻,具芒。下位刚毛 4～6 条,有倒刺,长为小坚果的 1/2～2/3。雄蕊 3 枚,花隔突出。花柱长,柱头 2 枚。

⑤果实:小坚果倒卵形或广倒卵形,长 3～3.5mm,两侧压扁微凹,或稍凸。

⑥种子:浅褐色。

生物学特性:花果期 5～7 月。

生境特性:生于沼泽地、稻田、河岸浅水区、低洼湿地等。常与芦苇(*Phragmites australis* (Cav.) Trin. ex Steud.)、水葱(*Scirpus validus* Vahl)、香蒲(*Typha orientalis* Presl.)等伴生。在森林带、草原带和荒漠带也可见到。

3.25 日照飘拂草 *Fimbristylis miliacea* (Linn.) Vahl

中文异名:水虱草、鹅草、筅帚草

英文名:agor; globe fringerush; grass-like fimbry; grasslike fimbristylis; hoorahgrass

分类地位:莎草科(Cyperaceae)飘拂草属(*Fimbristylis* Vahl)

形态学鉴别特征:1年生草本。

①根:根状茎缺。须根系。

②茎:丛生,株高10～60cm,扁4棱形,具纵槽,基部包着1～3个无叶片的鞘。

③叶:剑形,长于或短于茎或与茎等长,先端刚毛状,基部宽1.5～2mm,边缘有稀疏的细齿。叶鞘侧扁,背面呈锐龙骨状,边缘膜质、锈色,鞘口斜裂。无叶舌。苞片2～4片,刚毛状,基部较宽,具锈色、膜质的边,较花序短。

④花:聚伞花序复出或多次复出,辐射枝3～6个。小穗单生于辐射枝顶端,球形或近球形,长1.5～5mm,宽1.5～2mm。鳞片膜质,卵形,长1mm,先端钝,栗色,具白色狭边,背面龙骨状突起,具有3条脉,中脉绿色,沿侧脉处深褐色。雄蕊2枚,花药长圆形,顶端钝,长为花丝的1/2。花柱三棱形,基部稍膨大,无缘毛。柱头3枚。

⑤果实:小坚果倒卵状,长1mm,有3钝棱,麦秆黄色,具疣状突起和横裂圆形网纹。

⑥种子:长0.5～1mm。

生物学特性:花果期7～10月。

生境特性:生于田边、湖边、溪边草丛、潮湿沼泽地、稻田、湿地等。

3.26 两歧飘拂草 *Fimbristylis dichotoma* (Linn.) Vahl

英文名：two-leaved fimbristylus；two rowed rush

分类地位：莎草科(Cyperaceae)飘拂草属(*Fimbristylis* Vahl)

形态学鉴别特征：1 年生草本。

①根：具须根。

②茎：丛生，株高 15～50cm，无毛或被疏柔毛。

③叶：线形，略短于秆或与秆等长，宽 1～2.5mm，被柔毛或无，顶端急尖或钝。鞘革质，上端近于截形，膜质部分较宽而呈浅棕色。

④花：苞片 3～4 片，叶状，通常有 1～2 片长于花序，无毛或被毛。长侧枝聚伞花序复出，少有简单，疏散或紧密。小穗单生于辐射枝顶端，卵形、椭圆形或长圆形，长 4～12mm，宽 2.5mm，具多数花。鳞片卵形、长圆状卵形或长圆形，长 2～2.5mm，褐色，有光泽，脉 3～5 条，中脉顶端延伸成短尖；雄蕊 1～2 枚，花丝较短。花柱扁平，长于雄蕊，上部有缘毛，柱头 2 枚。

⑤果实：小坚果宽倒卵形，双凸状，长 1mm，具 7～9 条显著纵肋，网纹近似横长圆形，无疣状突起，具褐色短柄。

⑥种子：长 0.5mm。

生物学特性：花果期 7～10 月。

生境特性：生长于稻田或空旷草地上。

3.27 香附子 *Cyperus rotundus* Linn.

中文异名：香头草、土香、臭头香、有头土香、雀头香、三棱草、水香棱、续根草

拉丁文异名：*Cyperus rotundus* var. *quimoyensis* L. K. Dai；*Chlorocyperus* rotundus（L.）Palla；*Pycreus rotundus*（L.）Hayek

英文名：nutgrass flatsedge；nut grass；coco-grass；Java grass；purple nut sedge；red nut sedge

分类地位：莎草科（Cyperaceae）莎草属（*Cyperus* Linn.）

形态学鉴别特征：多年生草本。

①根：纤维状。根状茎匍匐,细长,在地表可形成椭圆形的"基生球茎或块茎",产生芽、根和根状茎。根状茎也可形成"地下块茎",贮存淀粉,能产生根状茎和新植株。

②茎：锐三棱形,散生直立,株高 15～60cm。

③叶：丛生于茎基部,比茎短,窄线形,宽 2～5mm,先端尖,全缘,具平行脉,主脉于背面隆起,质硬。叶鞘棕色,老时常裂成纤维状。苞片叶状,3～5 片,通常长于花序。

④花：聚伞花序简单或复出,有 3～6 个开展的辐射枝,辐射枝末端穗状花序有小穗 3～10 个。小穗斜展开,线形披针形,长 1～3cm,宽 1.5～2mm,压扁,具花 10 ～30 朵。小穗轴有白色透明宽翅。鳞片覆瓦状排列,卵形或长圆状卵形,长 2～3mm,膜质,先端钝,中间绿色,两侧紫红色或红棕色,具 5～7 条脉。雄蕊 3 枚,花药线形,暗血红色,药隔突出于花药顶端。花柱细长,柱头 3 枚,伸出鳞片外。

⑤果实：小坚果三棱状长圆形,表面灰褐色,具细点,果脐圆形至长圆形,黄色。

⑥种子：长 1mm。

生物学特性：花果期 5～11 月。实生苗发生期较晚,当年只长叶不抽茎。

生境特性：生于荒地、路边、沟边、旱地等。

3.28 碎米莎草 *Cyperus iria* Linn.

英文名：grasshopper's cyperus；ricefield flatsedge；umbrella sedge

分类地位:莎草科(Cyperaceae)莎草属(*Cyperus* Linn.)

形态学鉴别特征:1年生草本。

①根:须根系。无根状茎。

②茎:丛生,株高 10~60cm,扁三棱形。

③叶:基生,短于秆,宽 2~5mm,平展或折合。叶鞘红棕色。叶状苞片 3~5 片,下面两片常长于花序。

④花:聚伞花序复出,少为简单,具 4~9 个辐射枝,辐射枝最长达 12cm,每个 辐射枝具 5~10 个穗状花序,或更多。穗状花序卵形或长圆状卵形,长 1~4cm,具 5~22 个小穗。小穗排列松散,斜展开,长圆形、披针形或线状披针形,压扁,长 4~ 10mm,宽 2mm,具 6~22 花。小穗轴上近于无翅。鳞片排列疏松,膜质,宽倒卵 形,长 1.5mm,顶端微缺,具短尖,不突出于鳞片的顶端,背面具龙骨状突起,褐色, 有 3~5 条脉,两侧呈黄色或麦秆黄色,上端具白色透明的边。雄蕊 3 枚,花丝着生 在环形的胼胝体上,花药短,椭圆形,药隔不突出于花药顶端。花柱短,柱头 3 枚。

⑤果实:小坚果倒卵形或椭圆形、三棱形,与鳞片等长,褐色,具密的微突起 细点。

⑥种子:长 1~2mm。

生物学特性:花果期 6~10 月。

生境特性:生于山坡、路旁、旱地、稻田、田边、沟边、湿地等。

3.29 异型莎草 *Cyperus difformis* Linn.

中文异名:球穗碱草、球穗莎草、咸草

拉丁文异名:*C. lateriflorus* Torr.;*C. difformis* var. *maximus* C. B. Clarke;*C. difformis* var. *breviglobossus* Kük.;*C. difformis* var. *subdecompositus* Kük.

英文名:difformed galingale;variable flatsedge;smallflower umbrella-sedge;Small flower umbrella plant

分类地位:莎草科(Cyperaceae)莎草属(*Cyperus* Linn.)

形态学鉴别特征:1年生草本。

①根:须根系。

②茎:丛生,株高5～50cm,扁三棱形,平滑。

③叶:基生,条形,短于茎,宽2～5mm,平展或折合。叶正面中脉处具纵沟,背面突出成脊。叶鞘稍长,淡褐色,有时带紫色。苞片叶状,2～3片,长于花序。

④花:聚伞花序简单,少数为复出。穗状花序伞梗末端密集成头状,具多数小穗,径5～15mm。小穗密集,披针形,长2～5mm,具小花8～28朵。小穗轴无翅。鳞片排列疏松,膜质,近于扁圆形,顶端圆,长不及1mm,中间淡黄色,两侧深红紫色或栗色,边缘白色透明,具3条不很明显的脉。雄蕊2枚,稀1枚,花药椭圆形,药隔不突出于花药顶端。花柱短,柱头3枚。

⑤果实:小坚果倒卵状椭圆形,三棱形,几与鳞片等长,淡黄色,表面具微突起,顶端圆形。

⑥种子:果脐位于基部,边缘隆起,白色。

生物学特性:花果期7～10月。籽实极多,成熟后即脱落,春季出苗。

生境特性:生于水田、水沟边潮湿处等。

3.30　水莎草 *Juncellus serotinus*（Rottb.）C. B. Clarke

中文异名:三棱草

拉丁文异名:*Cyperus serotinus* Rottb.;*Cyperus montii* Linn.;*Pycreus serotinus*（Rottb.）Hayek.

英文名：late juncellus；Cyperus serotinus

分类地位：莎草科（Cyperaceae）水莎草属（*Juncellus* (Griseb.) C. B. Clarke）

形态学鉴别特征：多年生草本。

①根：根状茎长、匍匐。须根多数。

②茎：单一，株高 35～100cm，粗壮，扁三棱形，光滑。基部具叶。

③叶：长线形，扁平，宽 5～10mm，比茎短，先端狭尖，基部折合，全缘，上面平展，背面中脉明显，上部边缘稍粗糙。苞片 3 片，叶状，长于花序。

④花：聚伞花序复出，有 4～7 个辐射枝，最长达 16cm，开展，每枝有 1～3 个穗状花序。穗状花序有 5～17 个小穗，花序轴具棱角，被稀疏的短硬毛。小穗线状披针形，长 5～12mm。鳞片宽卵形，长 1.8～2mm，具多数脉，背面绿色，两侧淡红褐色，边缘白色透明。雄蕊 3 枚，花药线形，紫红色。花柱短，柱头 2 枚，有暗红色斑纹。

⑤果实：小坚果椭圆形，平凸状，具细点。

⑥种子：长 1～1.5mm，棕色。

生物学特性：花果期 7～10 月。

生境特性：生于河岸、沟边、田间、田埂、湿地等。

3.31 葎草 *Humulus scandens*（Lour.）Merr.

中文异名：拉拉秧、拉拉藤、割人藤

英文名：Japanese hop herb

分类地位：桑科（Moraceae）葎草属（*Humulus* Linn.）

形态学鉴别特征：1 年生或多年生缠绕草本。幼苗下胚轴发达，微带红色，上胚轴不发达。子叶条形，长 2～3cm，无柄。

①根：分枝明显，细根发达。

②茎：蔓生，有分枝，具纵棱，长达 3～5m，粗 3～4mm，茎、枝密生倒刺。

③叶:纸质,对生。长柄长 5～20cm,密生倒刺。掌状深裂,3～7 裂,裂片卵形或卵状披针形,基部心形,两面生粗糙刚毛,下面有黄色小油点,叶缘有粗锯齿。

④花:单性,腋生,雌雄异株。雄花小,黄绿色,单 1 朵,排列成 15～25cm 的圆锥花序,萼 5 裂,花被片和雄蕊 5 枚。雌花排列成球状的穗状花序,腋生,由紫褐色且带点绿色的苞片所包被,苞片的背面有刺。每个苞片内有 2 片小苞片,每一小苞内都有 1 朵雌花,小苞片卵状披针形,被有白刺毛和黄色小腺点。花被片退化为全缘的膜质片,紧包子房。子房单一,柱头 2 枚,红褐色。

⑤果实:聚花果绿色,近松球状。单个果为扁球状的瘦果,直径 4～6mm,黄褐色,有紫褐色斑纹,外包有覆瓦状宿存苞片。

⑥种子:宽 0.5cm。

生物学特性:花期春夏,果期秋季。

生境特性:抗逆性强,生境多样,耐瘠薄,耐干旱。

3.32 葡蟠 *Broussonetia kaempferi* Sieb.

中文异名:藤葡蟠

分类地位:桑科(Moraceae)构属(*Broussonetia* L' Herit. ex vent.)

形态学鉴别特征:小灌木。

①根:具分枝,细长。

②茎:枝蔓生,弯曲,干后褐紫色。

③叶:长卵形或椭圆状卵形,通常不裂,长4~14cm,宽2.2~4.4cm,先端长渐尖,基部浅心形,不对称,边缘细锯齿。上面有疏毛,下面毛较密。柄长6~10mm,被毛。

④花:单性,雌雄异株。雄花序为柔荑花序,长2~3cm,梗长1.2cm,花稀疏,花萼3片,雄蕊3枚,向内对折,退化雌蕊为1小尖头。雌花序头状,花序梗长1~1.5cm,花萼筒状,先端2~3齿,柱头2枚,1长1短。

⑤果实:聚花果球形,径0.8~1cm。小核果橙红色,核表面有小瘤状凸起。

生物学特性:花期4~6月,果期5~7月。

生境特性:生于山坡、溪谷、路边等,常攀缘于他物上。

3.33 苎麻 *Boehmeria nivea* (Linn.) Gaud.

中文异名:野麻、白叶苎麻

英文名:radix boehmeriae

分类地位:荨麻科(Urticaceae)苎麻属(*Boehmeria* Jacq.)

形态学鉴别特征:多年生宿根性半灌木状草本植物。

①根:根状茎横生,呈不规则圆柱形,略弯曲。

②茎:直立,基部分枝,绿色,小枝、叶柄密生灰白色硬毛。

③叶:互生,叶片宽卵形或近圆形,长5~15cm,宽3.5~13cm,先端渐尖或具尾状尖,基部宽楔形或截形,边缘具三角状的粗锯齿。上面粗糙,下面密生交织的

白色柔毛。基脉 3 出,侧脉 2～3 对。托叶离生,早落。

④花:单性,雌雄同株,团伞花序集成圆锥状。雄花花被片 4 片,卵形,外面密生柔毛,雄蕊 4 枚。雌花位于雄花序之上。雌花花被管状,先端 2～4 齿裂,外面生柔毛,花柱线形。

⑤果实:瘦果椭圆形,包于宿存的花被内。

⑥种子:长 1.5mm,千粒重 0.05～0.15g,含油量 15%～34%。

生物学特性:花期 5～10 月。不耐淹水。再生能力强,可年收获 3 次。单纤维长度为 60～250mm,是麻类作物中最长的。

生境特性:常成片生于路边、林下草丛、水沟旁、湿地、石缝及旱地。

3.34 萹蓄 *Polygonum aviculare* Linn.

拉丁文异名:*P. axiculare* Linn. var. *vegetum* Ledeb. , *P. heterophyllum* Lindm.

英文名:common knotgrass herb

分类地位:蓼科(Polygonaceae)蓼属(*Polygonum* Linn.)

形态学鉴别特征:1 年生草本。

①根:主根粗,生多数褐色或黄褐色须根。

②茎:基部分枝较多,平卧、斜上或近直立,株高 10～40cm。绿色,其上常有白粉。具明显节及纵沟纹。幼枝微有棱角。

③叶:互生。叶片狭椭圆形或线状披针形,长 5～16mm,宽 1.5～5mm,先端钝或急尖,基部楔形,全缘,绿色,两面均无毛。侧脉明显。托鞘膜质,抱茎,下部绿色,上部透明无色,具明显脉纹,其上之多数平行脉常伸出成丝状裂片。具短柄或近无柄,约 2～3mm。

④花:遍生于全株叶腋,通常 1 朵或 5 朵簇生,全露或半露于托叶鞘之外。花

梗短,顶部具关节。苞片及小苞片均为白色透明膜质。花被绿色,5 深裂,具白色边缘,结果后,边缘变为粉红色。雄蕊通常 8 枚,短于花被片。花丝短。子房长方形,花柱短,柱头 3 枚,甚短,柱头头状。

⑤果实:瘦果卵状三棱形,包围于宿存花被内,仅顶端小部分外露,具 3 棱,具不明显的细纹及小点,无光泽。

⑥种子:长 2～3mm,黑褐色。

生物学特性:花期 5～7 月。果期 6～8 月。喜湿润,在轻度盐碱地亦能生长。耐严寒,对干旱、水涝、高温等逆境适应性强。

生境特性:生于田野、路旁、草地、荒地、山坡、荒田杂草丛中及沙地上。

3.35　酸模叶蓼 *Polygonum lapathifolium* Linn.

英文名: Dockleaf Knotweed

分类地位:蓼科(Polygonaceae)蓼属(*Polygonum* Linn.)

形态学鉴别特征:1 年生草本。

①根:分枝多,根系长,细根多。

②茎:直立,上部分枝,株高 40～90cm,光滑无毛,较粗壮,表面具黑褐色新月形斑点,节部膨大。

③叶:互生。披针形,长圆形或长圆状椭圆形,长 3～20cm,宽 0.5～5cm,先端急尖或渐尖至尾尖,基部楔形或宽楔形,上面常有黑褐色斑块,全缘,边缘有粗硬毛,下面有腺点。中脉常有伏贴硬粗毛,侧脉显著,7～30 对。托叶鞘筒状,膜质,长 0.7～2cm,被硬伏毛,顶端截形,无缘毛。叶柄长 0.2～1.5cm,被粗伏毛。

④花:穗状花序圆柱状,长 1.5～8cm,顶生或腋生,常有分枝。总花梗被腺点。苞片斜漏斗形,膜质,边缘生稀疏短毛,内有数花。花多数密集,花被淡红色或绿白色,4 深裂,长 2mm,外轮 2 片,具脉纹,有黄色腺点。雄蕊 6 枚。花柱 2 枚,基部稍

合生,上部向外弯曲。

⑤果实:瘦果圆卵形,扁平,两面微凹,黑褐色,有光泽,外包宿存花被。

⑥种子:长 2mm。

生物学特性:种子繁殖。多次开花结实。花期 6～8 月,果期 7～9 月。

生境特性:生于路边、田边、沟边、旱地、荒地、水田、沼泽地、浅水处。

3.36 绵毛酸模叶蓼 *Polygonum lapathifolium* Linn. var. *salicifolium* Sibth.

中文异名:绵毛大马蓼、白绒蓼

分类地位:蓼科(Polygonaceae) 蓼属(*Polygonum* Linn.)

形态学鉴别特征:1 年生草本植物。高 50～100cm。

①根:分枝多,根系长,细根多。

②茎:直立,具分枝,下部茎紫红色至褐色,中部有少量海绵状髓,上部茎淡棕黄色至棕色,中空,嫩枝密被白色绵毛。

③叶:互生,皱缩,易破碎。披针形至宽披针形,顶端渐尖,基部楔形。叶背密被白色绵毛层,叶面常有黑褐色新月形斑点。托叶鞘褐色,顶端截形。有柄。

④花:花序圆锥状,由数个花穗组成。柱头 2 裂,宿存。花被棕红色,4 深裂,宿存。

⑤果实:瘦果卵形,扁平,两面微凹,黑褐色,全部包于宿存花被内。

⑥种子:长 2mm。

生物学特性:花果期 4～11 月。

生境特性:生于农田、路旁、湿地、浅水域等。

3.37　长花蓼 *Polygonum macranthum* Meisn.

分类地位：蓼科（Polygonaceae）蓼属（*Polygonum* Linn.）

形态学鉴别特征：多年生草本。

①根：具分析，细根多。

②茎：直立，株高可达 1m，圆柱形，红褐色或绿色，无毛或被疏毛。节间较短，节部膨大。常分枝，具匍枝。

③叶：质厚，披针形或长圆状披针形，长 5～15cm，宽 0.5～2.2cm，先端渐尖，基部狭窄，两面有糙伏毛，有时仅中脉及边缘具密刺毛。柄极短。托叶鞘筒状，长1～2cm，被伏毛，顶端有等长或稍短缘毛。

④花：穗状花序顶生，粗壮，下垂，长可达 10cm 以上。苞片紧密覆盖，每苞内有花 2～3 朵。花梗伸出苞外。花两型。花被白色，偶带淡红色，5 深裂，裂片卵圆形，长 4～6mm，具腺点。

⑤果实：瘦果三棱形，黑褐色，有光泽，包藏在宿存花被内。

⑥种子：长 2～3mm。

生物学特性：花果期 9～11 月。

生境特性：生于湿地、沟边等。

3.38　杠板归 *Polygonum perfoliatum* Linn.

中文异名：刺梨头

英文名：perfoliate knotweed herb

分类地位：蓼科（Polygonaceae）蓼属（*Polygonum* Linn.）

形态学鉴别特征：多年生蔓性草本。

①根:分枝,细根多。

②茎:有棱,红褐色,有倒生钩刺。

③叶:互生,盾状着生。近三角形,长3~7cm,宽2~5cm,先端尖,基部近心形或截形,下面沿脉疏生钩刺。托叶鞘近圆形,抱茎。叶柄长,疏生倒钩刺。

④花:花序短穗状,长1~3cm,顶生或腋生。苞片圆形,内含2~4花。花被5深裂,淡红色或白色,结果时增大,肉质,变为深蓝色。雄蕊8枚。花柱3枚。

⑤果实:瘦果球形,有光泽,包于蓝色多汁的花被内。

⑥种子:直径3~4mm,黑色。

生物学特性:花期6~8月,果期7~10月。

生境特性:常见于山坡灌丛和疏林中、沟边、河岸和路旁。

3.39 酸模 *Rumex acetosa* Linn.

英文名:sheep sorrel

分类地位：蓼科（Polygonaceae）酸模属（*Rumex* Linn.）

形态学鉴别特征：多年生草本。

①根：地下有短的根茎及数个肉质根。

②茎：直立，株高 15～80cm，通常不分枝，圆柱形，具线纹，上部呈红色，中空。

③叶：单叶互生。基生叶有长柄，叶片质薄，宽披针形至卵状长圆形，先端急尖或圆钝，基部箭形，全缘，有时微波状，下面及叶缘常具乳头状突起。茎生叶小，披针形，无柄或抱茎。托叶鞘膜质，易破裂。

④花：圆锥花序顶生。单性，雌性异株。花梗中部具关节。花被片 6 片，红色，排成 2 轮。雄花内有雄蕊 6 枚，花丝短，花药大。雌花内轮花被片在果时增大，圆形，全缘，基部心形。柱头 3 枚，细裂，淡红色。

⑤果实：瘦果椭圆形，有 3 棱，黑褐色，有光泽。

⑥种子：长 2mm。

生物学特性：花期 3～5 月，果期 4～6 月。

生境特性：生于山坡林缘、阴湿山沟边，也可生长在海滨岩石旁。

3.40　羊蹄 *Rumex japonicus* Houtt.

英文名：Japanese dock root

分类地位：蓼科（Polygonaceae）酸模属（*Rumex* Linn.）

形态学鉴别特征：多年生草本。

①根：主根粗大，长圆形，断面黄色。

②茎：直立，粗壮，绿色，具沟纹，通常不分枝。

③叶：基生叶具长柄，叶片卵状长圆形至狭长椭圆形，先端稍钝，基部心形，边缘波状。茎生的上部叶片较小而狭，基部楔形，具短柄或近无柄。托叶鞘膜质，筒状，易破裂。

基部圆形至微心形,边缘微状波皱褶。

④花:小,两性,花轮密集成狭长圆锥花序,下部花轮夹杂有叶。花梗下部具关节。花被片6片,淡绿色,成2轮,外轮花被片长圆形,内轮花被片在果时增大成圆心形,具明显网纹,边缘有三角状浅牙齿,背部有瘤状突起。雄蕊6枚,柱头3枚,细裂。

⑤果实:瘦果宽卵形。锐3棱,褐色,有光泽。

⑥种子:长2～3mm。

生物学特性:花期5～6月,果期6～7月。

生境特性:生于低山坡疏林边、沟边、溪边、路旁湿地及沙丘上。

3.41 齿果酸模 *Rumex dentatus* Linn.

中文异名:牛舌草

英文名:toothed dock

分类地位:蓼科(Polygonaceae)酸模属(*Rumex* Linn.)

形态学鉴别特征:1年或多年生草本。

①根:直根肉质,肥大,具小分枝。

②茎:直立,分枝,株高20～80cm。枝纤细,表面具沟纹,无毛。

③叶:基生叶长圆形或宽披针形,先端钝或急尖,基部圆形或心形,边缘波状或微皱波状,两面均无毛,有长柄。茎生叶渐小,基部多为圆形,具短柄。托叶鞘膜质,筒状,易破裂。

④花:圆锥花序顶生或腋生,花簇呈轮状排列,具叶。两性,花梗基部具关节。花被片黄绿色,6深裂,成2轮,外花被片长圆形,长1～1.5mm,宽3mm,内花被片果期增大,卵形,先端急尖,长4mm,具明显的网脉,各具一卵状长圆形小疣,边缘具3～4对,稀为5对不整齐的针状牙齿,背面基部有瘤状突起。雄蕊6枚。花柱3

枚,细裂。

⑤果实:瘦果卵状三棱形,具尖锐角棱,平滑。

⑥种子:长约 2mm,褐色,有光泽。

生物学特性:花期 4～5 月,果期 6 月。

生境特性:生于沟旁、路旁湿地、河岸或水边。

●3.42　土荆芥 *Chenopodium ambrosioides* L.

中文异名:杀虫芥、虱子草、钩虫草、白马兰、臭蒿

英文名:Mexican tea

分类地位:藜科(Chenopodiaceae)藜属(*Chenopodium* Linn.)

形态学鉴别特征:1 年生或多年生草本。有强烈香味,全草含土荆芥油。外来入侵杂草。

①根:主根乳白色,倒圆锥形,侧根多,主根和侧根上有多数细根。

②茎:直立,多分枝,株高 50～80cm,具棱,有毛或近无毛。

③叶:互生,长圆状披针形至披针形,边缘具稀疏不整齐的大锯齿,下面有散生油点并沿脉稍有毛,具短柄。下部叶长达 15cm,上部叶逐渐狭小而近全缘。

④花:两性及雌性,3～5 朵簇生于苞腋,生于上部叶腋。花被裂片 5 片,较少为 3 片,绿色。雄蕊 5 枚。花柱不明显,柱头通常 3 枚,较少为 4 枚,丝状,伸出花被外。

⑤果实:胞果扁球形,包于花被内。

⑥种子:细小,红褐色,球形,略扁,有光泽。

生物学特性:花果期 6～10 月。土荆芥种子产量大,又种子细小,以及高萌发率,使其在自然条件下快速完成入侵和定居过程。

生境特性:主要分布在路旁、河岸等荒地以及农田中。

3.43 尖头叶藜 *Chenopodium acuminatum* Willd

分类地位:藜科(Chenopodiaceae)藜属(*Chenopodium* Linn.)

形态学鉴别特征:1年生草本。

①根:具分枝,细根多。

②茎:直立,株高 20～80cm,具条棱及绿色色条,有时色条带紫红色,多分枝。枝斜生,较细瘦。

③叶:宽卵形至卵形,茎上部的叶片有时呈卵状披针形,长 2～4cm,宽 1～3cm,先端急尖或短渐尖,有 1 短尖头,基部宽楔形、圆形或近截形,上面无粉,浅绿色,下面多少有粉,灰白色,全缘并具半透明的环边。柄长 1～4cm。

④花:花两性。团伞花序于枝上部排列成紧密的或有间断的穗状或穗状圆锥状花序,花序轴(或仅在花间)具圆柱状毛束。花被 5 深裂,裂片宽卵形,边缘膜质,有红色或黄色粉粒,果时背面大多增厚,彼此合成五角星形。雄蕊 5 枚,花药长 0.5mm。

⑤果实:胞果顶基扁,圆形或卵形。

⑥种子:横生,径 1mm,黑色,有光泽,表面略具点纹。

生物学特性:花期 6～7 月,果期 8～9 月。

生境特性:生于荒地、河岸、田边等。

3.44 灰绿藜 *Chenopodium glaucum* Linn.

中文异名:翻白藜、小灰菜

英文名:oakleaf goosefoot

分类地位:藜科(Chenopodiaceae)藜属(*Chenopodium* Linn.)

形态学鉴别特征：1 年生草本。

①根：主根及分枝明显,细根多。

②茎：通常基部分枝,株高 10～45cm,斜上或平卧,有沟槽与条纹,紫红色或绿色。

③叶：互生,肉质厚。椭圆状卵形至卵状披针形,顶端急尖或钝,边缘有波状齿,基部渐狭,表面绿色,背面灰白色、密被粉粒。中脉明显。叶柄短,长 5～10mm。

④花：花序穗状或复穗状,腋生或顶生。两性或兼有雌性。花被裂片 3～4 片,少为 5 片,浅绿色。雄蕊 1～2 枚,有时 3～4 枚,花药球形。柱头 2 枚。

⑤果实：胞果伸出花被片,果皮薄膜质,黄白色。

⑥种子：横生、斜生及直立。扁圆形,暗褐色或红褐色,表面具细点纹,有光泽。

生物学特性：花期 6～9 月,果期 8～10 月。

生境特性：生于盐碱地、江河边、荒地、田野及村旁。

3.45　小藜 *Chenopodium serotinum* Linn.

中文异名：小灰菜、灰条菜、灰灰菜

拉丁文异名：*C. ficifolium* Smith

英文名：small goosefoot

分类地位：藜科（Chenopodiaceae）藜属（*Chenopodium* Linn.）

形态学鉴别特征：1年生草本。

①根：具分枝，细根多。

②茎：直立，分枝，高20～50cm，具条棱及绿色条纹，幼时具白粉粒。

③叶：较薄，卵状长圆形。下部叶长圆状卵形，通常3浅裂，中裂片较长，近基部的两裂片下方通常有1小齿。中部叶片椭圆形，边缘有波状齿，顶端钝，基部楔形。上部叶片渐小，狭长，有浅齿或近全缘。叶柄细弱。

④花：两性，簇生为穗状或圆锥状花序，顶生或腋生。花被淡绿色，被片5片。雄蕊5枚。柱头2枚，线形。

⑤果实：胞果全部包在花被内，果皮膜质，有明显的蜂窝状网纹，干后，密生白色粉末状干涸小泡。

⑥种子：横生，扁圆形，双凸镜状，直径约1mm，黑色，有光泽，边缘有棱。胚环形。

生物学特性：早春萌发，花期6～8月，果期8～9月。

生境特性：生于农田、河滩、荒地和沟谷湿地。

3.46 藜 *Chenopodium album* Linn.

中文异名：灰菜、灰条菜

英文名：Lamb's-quarters

分类地位：藜科（Chenopodiaceae）藜属（*Chenopodium* Linn.）

形态学鉴别特征：1年生草本。

①根:主根明显,分枝多,细根密布。

②茎:直立,粗壮,株高 30～150cm,有棱和绿色或紫红色的条纹,多分枝。

③叶:菱状卵形至披针形,长 3～6cm,宽 2.5～5cm,先端急尖或微钝,叶基部宽楔形,边缘常有不整齐的锯齿,下面生粉粒,灰绿色。具长叶柄。

④花:两性,黄绿色,数个集成团伞花簇,多数花簇排成腋生或顶生的圆锥状花序,顶生或腋生。花被片 5 片,宽卵形或椭圆形,具纵隆脊和膜质的边缘,先端钝或微凹。雄蕊 5 枚。柱头 2 枚,线形。

⑤果实:胞果完全包于花被内或顶端稍露,果皮薄,和种子紧贴。

⑥种子:横生,双凸镜形,直径 1.2～1.5mm,光亮,表面有不明显的沟纹及点注。胚环形。

生物学特性:春季出苗,4～5 月生长旺盛。花期 6～9 月,果期 8～10 月。

生境特性:生于路边、村旁、庭园、耕地及荒地,常和小藜、灰绿藜、萹蓄等组成群落。

3.47　圆头藜 *Chenopodium strictum* Roth

英文名:oval-seeded goosefoot

分类地位:藜科(Chenopodiaceae)藜属(*Chenopodium* Linn.)

形态学鉴别特征:1 年生草本。

①根:具分枝。

②茎:直立或外倾,株高 20～50cm。通常细瘦,具条棱及绿色色条。

③叶:卵状矩圆形至矩圆形,通常长 1.5～3cm,宽 8～18mm,先端圆形或近圆形,有时有短突尖,基部宽楔形,上面近无粉,下面有密粉而带灰白色,边缘在基部以上具锯齿,齿向先端逐渐变小以至消失。柄细瘦,长为叶片长度的 1/3～1/2。

④花:两性。簇于枝上部排列成狭的有间断的穗状圆锥状花序。花被裂片 5

片,倒卵形,背面有微隆脊,边缘膜质。柱头 2 枚,丝状,外弯。

⑤果实:胞果顶基遍,果皮与种子贴生。

⑥种子:扁卵形,宽 1mm,黑色或黑红色,有光泽,表面略有浅沟纹,边缘具锐棱。

生物学特性:花果期 7～9 月。

生境特性:生于山谷、河岸、道旁等。

3.48　地肤 *Kochia scoparia*（Linn.）Schrad.

中文异名:扫帚草

英文名:broomsedge；belvedere；burningbush；broom cypress

分类地位:藜科(Chenopodiaceae)地肤属(*Kochia* Roth)

形态学鉴别特征:1 年生草本。

①根:根系发达,分枝、细根密布。

②茎:直立,株高 50～100cm,多分枝而斜展,淡绿色或浅红色,生短柔毛。

③叶:互生。披针形至条状披针形,全缘,近基 3 出脉。上面无毛或具细软毛,上部的叶较小,具 1 脉。近无柄。

④花:花序穗状,稀疏。两性或雌性,通常 1～3 朵多生于叶腋中。花被黄绿色,被片 5 片,果期自背部生三角状横突起或翅。雄蕊 5 枚,花丝丝状,花药淡黄色。柱头 2 枚,紫褐色,花柱极短。

⑤果实:包裹扁球形,包于宿存的花被内。

⑥种子:扁平,倒卵形,长 1.5～1.8mm,宽 1.1～1.2mm,表面暗褐色至淡褐色,有小颗粒,无光泽。

生物学特性:春季出苗,花期 7～9 月,种子于 8～10 月成熟。耐旱,也适生于湿地。

生境特性：生于农田、路旁、荒地，在各种土壤均能生长，以轻度盐碱地生长较多。

3.49　青葙 *Celosia argentea* Linn.

中文异名：野鸡冠花

英文名：feather cockscomb

分类地位：苋科（Amaranthaceae）青葙属（*Celosia* Linn.）

形态学鉴别特征：1年生草本。

①根：分枝，细根多。

②茎：直立，高30～100cm，有分枝，绿色或红色，具显明条纹。

③叶：互生，叶片披针形或椭圆状披针形，全缘，先端急尖或渐尖，基部渐狭成柄，柄短。

④花：多数，密生，在茎端或枝端成单一、无分枝的塔状或圆柱状穗状花序，长3～10cm。苞片及小苞片披针形，长3～4mm，白色，光亮，顶端渐尖，延长成细芒。花被片5片，长圆状披针形，长7～10mm，膜质，透明，有光泽。花丝基部合生成杯状，花药紫色。子房卵形，胚珠数个，花柱紫红色，长4mm。

⑤果实：胞果卵形，长3～3.5mm，包裹在宿存花被片内。

⑥种子：扁球形，黑色，有光泽。

生物学特性：苗期5～7月，花期6～9月，果期8～10月。

生境特性：生于田间、山坡及荒地，为旱地杂草。

●3.50　鸡冠花 *Celosia cristata* Linn.

英文名：cockscomb

分类地位：苋科（Amaranthaceae）青葙属（*Celosia* Linn.）

形态学鉴别特征：1年生草本。

①根：具多数细根。

②茎：直立，粗壮，株高40～90cm，有纵棱。

③叶：卵形、卵状披针形或披针形，长6～13cm，宽2～5cm，先端渐尖，基部渐狭成柄。

④花：花多数，极密生，成扁平肉质鸡冠状、卷冠状或羽毛状的穗状花序，一个大花序下面有数个较小的分枝，圆锥状矩圆形，表面羽毛状。花被片红色、紫色、黄色、橙色或红色黄色相间。

⑤果实：胞果卵形，长3mm，包裹在宿存花被片内。

⑥种子：扁球形，黑色，有光泽，

生物学特性：花果期7～10月。

生境特性：逸生于村旁路边或荒地等。

3.51 刺苋 *Amaranthus spinosus* L.

中文异名：勒苋菜、野刺苋菜

英文名：spiny amaranth；thorny amaranth

分类地位：苋科（Amaranthaceae）苋属（*Amaranthus* Linn.）

形态学鉴别特征：1年生草本。外来入侵杂草。

①根：主根明显，有分枝，侧根发达，细根多。

②茎：直立，多分枝，有纵条纹，绿色或带紫色，无毛或稍有柔毛。

③叶：互生，菱状卵形或椭圆形卵形，先端圆钝，具小凸尖，叶柄基侧有2刺。

④花：圆锥花序腋生及顶生。苞片在腋生花簇及顶生花穗的基部者变成尖锐直刺，长5～15mm，在顶生花穗的上部者狭披针形，长1.5mm。花被片绿色，顶端急尖，具凸尖，中脉绿色或带紫色。

⑤果实：胞果长圆形，包裹在宿存花被片内，在中部以下不规则横裂。

⑥种子：倒卵形或圆形，略扁，表面黑色，有光泽，种脐位于基端。

生物学特性：苗期4～5月，花期7～11月。

生境特性：主要分布在山坡、路旁、荒地、田边、沟旁、河岸等处。

●3.52 反枝苋 *Amaranthus retroflexus* L.

中文异名：西风谷、野苋、野米苋

英文名：redroot；wildbeet；pigweed

分类地位：苋科（Amaranthaceae）苋属（*Amaranthus* Linn.）

形态学鉴别特征：1年生草本。外来入侵杂草。

①根：根系深，主根明显，有分枝，细根多。

②茎：直立，株高20～80cm。淡绿色，有时具带紫色条纹，稍具钝棱，有分枝，密生短柔毛。

③叶：互生。卵形至椭圆状卵形，先端稍凸或略凹，有小芒尖，基部楔形，两面

和边缘具柔毛。长柄长 3～5cm,被短柔毛。

④花:花序圆锥状,顶生或腋生,由多数穗状花序形成,顶生花穗较侧生者长,花簇刺毛多。雌雄同株。花被 5 片或 4 片,倒卵状长圆形,长 3mm,先端圆钝或截形,具短凸尖,薄膜质,白色,具浅绿色中脉 1 条。雄蕊与花被片同数,5 枚或 4 枚。柱头 2～3 枚。

⑤果实:胞果扁球形,环状横裂,包裹在宿存花被片内。

⑥种子:圆形至倒卵形,直径 1mm,表面黑色。

生物学特性:4～5月出苗,6～8月开花,果期 8～9月。种子陆续成熟,成熟种子无休眠期。

生境特性:主要分布在山坡、路旁、荒地、田边、沟旁、河岸等处。

●3.53 苋 *Amaranthus tricolor* L.

中文异名:雁来红、苋菜、三色苋

英文名:flower gentle;three coloured Amaranth

分类地位:苋科(Amaranthaceae)苋属(*Amaranthus* Linn.)

形态学鉴别特征:1 年生草本。外来入侵杂草。

①根:主根明显,侧根发达,细根多数。

②茎:直立,株高 50～150cm,茎粗壮,常分枝,微具条棱,茎色淡绿色至暗紫色,无毛,稍有细毛。

③叶:互生。卵形或菱状卵形,长 3～5cm,宽 2～3.5cm,除绿色外,常呈红色、紫色、黄色或绿紫杂色,先端钝尖,微 2 裂或微缺,内具小凸尖,基部楔形,全缘或波状,无毛或微有毛。叶柄与叶片近等长。

④花:花簇生叶腋,后期形成顶生穗状花序。单性或杂性,苞片短,花被片 3 片,细长圆形,先端钝而有微尖,向内曲,长约为胞果之半,黄绿色,有时具绿色隆脊

的中肋。雄蕊 3 枚,柱头 3 枚或 2 枚,线形。

⑤果实:胞果球形或宽卵圆状,膜质,近平滑或具皱纹,不裂。

⑥种子:近于扁圆形,两面凸,黑褐色,平滑有光泽。

生物学特性:6～8 月开花,7～9 月结果。最适生长温度为 20～30℃。

生境特性:主要分布在路边、农田、果园地等。

● 3.54　皱果苋 *Amaranthus viridis* L.

中文异名:绿苋、野苋

英文名:wild Amaranth,wrinkled fruit Amaranth

分类地位:苋科(Amaranthaceae)苋属(*Amaranthus* Linn.)

形态学鉴别特征:1 年生草本。外来入侵杂草。

①根:主根不明显,侧根发达,细根多。

②茎:株高 30～80cm,全株无毛;茎直立,有不显明棱角,条纹明显,有分枝,绿色或带紫色。

③叶:互生,卵形、卵状长圆形或卵状椭圆形,先端常凹缺,先端微缺或圆钝,叶面常有"V"字形白斑,少数圆钝,有一短尖头。

④花:花簇排列成细穗状花序或再合成大型顶生的圆锥花序,圆锥花序顶生,有分枝,顶生花穗比侧生者长;苞片及小苞片披针形,长不及 1mm,顶端具凸尖;花被片背部有 1 绿色隆起中脉。

⑤果实:胞果扁球形,直径约 2mm,绿色,不裂,极皱缩,超出花被片。

⑥种子:种子倒卵形或圆形,略扁,直径 1mm,黑色或黑褐色,有光泽,具细微的线状雕纹。

生物学特性:种子繁殖。在浙江省苗期 4～5 月,花果期 6～11 月。

生境特性:生于宅旁、路旁、荒地、田边等。

3.55 凹头苋 *Amaranthus lividus* Linn.

中文异名：野苋菜、光苋菜

英文名：emarginate Amaranth

分类地位：苋科（Amaranthaceae）苋属（*Amaranthus* Linn.）

形态学鉴别特征：1年生草本，植株无毛。

①根：主根明显，细根发达。

②茎：高10～35cm。茎平卧上升，基部分枝，淡绿色或紫红色。

③叶：子叶椭圆形，长0.8cm，宽0.3cm，先端钝尖，叶基楔形，具短柄。初生叶阔卵形，先端截平，具凹缺，叶基阔楔形，具长柄，后生叶除叶缘略呈波状外，与初生叶相似。叶片卵形或菱状卵形，长1.5～4.5cm，宽1～3cm，顶端凹缺，具1芒尖，基部宽楔形，全缘或成波状。叶柄长1～3.5cm。

④花：花簇腋生，直至下部叶腋，生在茎端或枝端者成直立穗状花序或圆锥花序。苞片和小苞片长圆形。花被片3片，膜质，长圆形或披针形，顶端急尖，向内弯曲，黄绿色。雄蕊3枚。柱头3枚或2枚。

⑤果实：胞果近扁圆形，略皱缩而近平滑，不开裂。

⑥种子：黑色，有光泽，边缘具环状边。

生物学特性：花期6～8月，果期8～10月。

生境特性：喜湿润环境，亦耐旱。为厂矿企业、居住新村、公园、苗圃、路旁、荒地常见的杂草，尤以荒地和路边为多。在作物田常形成优势种。

★●3.56 长芒苋 *Amaranthus palmeri* S. Watson.

英文名：Palmer's amaranth; Palmer amaranth; Palmer's pigweed; carelessweed

分类地位：苋科（Amaranthaceae）苋属（*Amaranthus* Linn.）

形态学鉴别特征：1年生草本。检疫性杂草。

①根：有时有红色直根系。

②茎：直立，粗壮，株高 0.8～1.5m。具绿色条纹，或变淡红色褐色，无毛或上部被稀疏柔毛。上部多分枝。

③叶：互生，光滑。矛形或卵形，长 3～9cm，宽 1～4cm，先端钝、急尖或微凹，常具小突尖，基部楔形，边缘全缘。柄较长。

④花：穗状花序顶生或生于上部叶腋处，直立或下垂，长 5～30cm。雌雄异株。苞片长 5mm，雄花中脉伸出呈芒刺状，花被片 5 片，雄蕊 5 枚。雌花苞片坚硬，花被片 5 片，花柱 2～3 个。

⑤果实：胞果近球形，径 2mm，干时皱缩。

⑥种子：椭圆形，黑色至深黑色，长 1.2mm，具光泽。

生物学特性：花期 7～9 月，果期 8～10 月。

生境特性：最先出现在进口粮仓库附近等。

●3.57 繁穗苋 *Amaranthus paniculatus* L.

中文异名：鸦谷、天雪米

拉丁文异名：*Amaranthus hybridus* L. var. *paniculatus*（L.）Thell.；*Amaranthus hybridus* L. subcruentus（L.）Thell.

英文名：foxtail Amaranthus

分类地位：苋科（Amaranthaceae）苋属（*Amaranthus* Linn.）

形态学鉴别特征：1年生草本。

①根：粗壮，具分枝。

②茎：直立、单一或分枝，株高 0.6～1.5m，具钝棱，几无毛。

③叶：卵状矩圆形或卵状披针形，长 5～12cm，宽 2～5cm，顶端锐尖或圆钝，具

小芒尖,基部楔形。

　④花:圆锥花序由多数穗状花序组成,腋生和顶生,直立,后下垂。苞片和小苞片钻形,绿色或紫色,背部中肋突出顶端成长芒。花被片膜质,绿色或紫色,顶端有短芒。雄蕊比花被片稍长。

　⑤果实:胞果卵形,盖裂,和宿存花被等长。

　⑥种子:长1～2mm。

　生物学特性:花期7～8月,果期8～9月。

　生境特性:生于路边草丛、荒野等。

3.58 牛膝 *Achyranthes bidentata* **Blume**

中文异名:怀牛膝、鼓槌草、对节草

英文名:marjorram green

分类地位:苋科(Amaranthaceae)牛膝属(*Achyranthes* Linn.)

形态学鉴别特征:多年生草本。

①根:圆柱形,土黄色。

②茎:直立,株高 50～120cm,常四棱,有分枝,几无毛,节部膝状膨大,绿色或带紫色。

③叶:对生。卵形至椭圆形,或椭圆状披针形,先端锐尖至渐尖,基部楔形或宽楔形,两面有柔毛。

④花:穗状花序腋生或顶生,花后总花梗伸长,花向下折而贴近总花梗。苞片宽卵形,顶端渐尖,小苞片贴生于萼片基部,刺状,基部有卵形小裂片。花被片 5 片,披针形,边缘膜质,绿色。雄蕊 5 枚,退化雄蕊顶端平圆波状。

⑤果实:胞果矩圆形,黄褐色,光滑。

⑥种子:长 1mm。

生物学特性:花期 7～9 月,果期 9～11 月。

生境特性:生于山坡林下、丘陵及平原的沟边和路旁阴湿处。

3.59　莲子草 *Alternanthera sessilis*（Linn.）DC.

中文异名:虾钳菜、满天星

拉丁文异名:*A. sessilis*（Linn.）R. Br. ex Roem. et Schult.

分类地位:苋科(Amaranthaceae)莲子草属(*Alternanthera* Forsk.)

形态学鉴别特征:1 年生草本。

①根:地下根状茎横走,节上生根。

②茎:细长,上升或匍匐,着地生根,绿色或稍带紫色,有两行纵列的白色柔毛,节上密被柔毛。

③叶:对生。椭圆状披针形或披针形,先端急尖或钝,基部渐狭,全缘或中部呈波状,两面无毛或疏生被毛。近无柄。

④花:头状花序 1～4 个簇生于叶腋,无总花梗。苞片及小苞片卵状披针形,白色,干膜质。花被片 5 片,长卵形,先端急尖,中脉粗。雄蕊通常 3 枚,花丝基部合生成杯状。不育雄蕊三角状钻形,全缘。雌蕊 1 枚,心皮 1 枚,柱头头状。花柱极短。

⑤果实:胞果倒卵形,稍扁平,两侧有狭翅,深棕色。

⑥种子:长 2mm。

生物学特性:花期 5～9 月,果期 7～10 月。

生境特性:生于水沟、池塘边、田埂及海边潮湿处。

●3.60 空心莲子草 *Alternanthera philoxeroides*（Mart.）Griseb.

中文异名:水花生、革命草、喜旱莲子草

英文名:alligator weed

分类地位:苋科(Amaranthaceae)莲子草属(*Alternanthera* Forsk.)

形态学鉴别特征:多年生草本。外来入侵杂草。

①根:根系属不定根系,茎节能生根,须根白色,有分枝。陆生植株的不定根可进一步发育为肉质贮藏根,称之为宿根,根部直径约 1cm。水生型空心莲子草只有不定根,不形成根茎(主根)。

②茎:基部匍匐,上部伸展,中空,有分枝,节腋处疏生细柔毛。具两种生态类型,即水生型和陆生型,空心莲子草的茎结构朝哪个方向发展,取决于环境水分条件,在水分充沛时输导功能强,茎长 1.5～2.5m,而在干旱时输导组织数量多,机械组织发达,韧皮纤维数量和厚度增加。在旱生环境中形成直径 1cm 的肉质贮藏根。

③叶:对生。长圆状倒卵形或倒卵状披针形,顶端圆钝,有芒尖,基部渐狭,全缘,两面无毛或上面有伏毛,边缘有睫毛。

④花:头状花序单生于叶腋,头状花序具长 1.5～3cm 的总梗。花白色或略带粉红色,10～20 多朵无柄的小花集生成头状花序。苞片和小苞片干膜质,宿存。花被 5 片,披针形,长 5mm,宽 2～3mm,背部两侧压扁,膜质,白色有光泽。雄蕊 5 枚,花丝长 3mm。子房球形,花柱粗短,柱头头状。

⑤果实:胞果扁平。

⑥种子:透镜状,种皮革质,胚环形。

生物学特性:以根茎繁殖,在水域,春后即出现新芽萌发,3 月水域空心莲子草已具一定生长量,4 月可布满一定水域,5～10 月均可大量繁殖,能迅速蔓延整个河道,形成优势种群,堵塞河道。在旱地,新芽萌发期比水域迟,一般要在 4～5 月,这可能与新芽在水域和旱地生境中所处的温度等条件相关。由于空心莲子草是多年宿根性杂草,并不断繁殖更新,因此,花期长,一般 4～11 月均能开花。

生境特性:生于池塘、沟渠、河滩、湖泊、旱地、水田、苗圃、路边、宅旁等区块。

●3.61 紫茉莉 *Mirabilis jalapa* Linn.

中文异名:胭脂花、状元花、野丁香

英文名:four o'-clock

分类地位:紫茉莉科(Nyctaginaceae)紫茉莉属(*Mirabilis* Linn.)

形态学鉴别特征:1 年生草本。外来入侵杂草。

①根:根粗大,呈倒圆锥形,黑色或黑褐色。

②茎:直立,圆柱形,株高 50～70cm,多分枝,节稍膨大。

③叶:单叶对生。卵形或卵状三角形,先端渐尖,基部心形,无毛。有柄或在上部的无柄。

④花:头状花序。两性。花常数朵簇生枝端,花晨、夕开放而午收。总苞钟形,果时宿存。花被紫红色、黄色、白色或杂色。雄蕊 5 枚,常伸出花外。花柱单一,线

形,与雄蕊近等长,柱头头状,微裂。

⑤果实:瘦果球形,革质,直径5~8mm,黑色有棱,表面具皱纹。

⑥种子:白色,胚乳粉质。

生物学特性:种子繁殖。在浙江省花期为7~10月,果期8~11月。性喜炎热、潮湿、阳光充足,不耐寒、不耐旱,要求肥沃土壤。紫茉莉种子繁殖能力强,根和茎亦具有营养繁殖能力。种子及肉质根的繁殖世代均为1年,肉质根及茎可以进行营养繁殖。种子产生量大,对环境适应性强,又该草具有观赏价值,易被人工传播,还分泌化感物质抑制其他植物生长。

生境特性:主要分布路旁、荒地、空杂地等。

●3.62 美洲商陆 *Phytolacca americana* Linn.

中文异名:垂序商陆、美国商陆

英文名:common pokeweed,coakum,poke~berry,scoke

分类地位:商陆科(Phytolaccaceae)商陆属(*Phytolacca* Linn.)

形态学鉴别特征:多年生草本。全体无毛。外来入侵杂草。

①根:肥厚,倒圆锥状,分叉,皮淡黄色,断面粉红色。

②茎:直立,圆柱形,株高可达1m以上,分枝,绿色或微带紫红色,肉质。

③叶:单叶互生。椭圆形或长椭圆形,长15~30cm,宽3~10cm,质薄,先端急尖,基部楔形,全缘,背面中脉凸起。叶柄粗壮,长1.5~3cm。

④花:两性。总状花序直立,顶生或侧生,常与叶成对,长10~20cm。总花梗长2~4cm。总苞片和苞片线状披针形,长约1.5mm。花梗细,长约7mm。萼片5片,白色,后期变成粉红色,椭圆形,长3~4mm,宽2.3~2.5mm,先端圆钝。雄蕊10枚,与萼片近等长,花丝锥形,白色,花药椭圆形,粉红色。心皮8~10个,离生。

⑤果实:浆果扁球形,熟时紫黑色,直径约4mm。

⑥种子：平滑，肾形，黑色。

生物学特性：花期 7～8 月，果期 8～10 月。

生境特性：常生于林缘、路旁、房前屋后、荒地。

3.63　粟米草 *Mollugo pentaphylla* Linn.

英文名：carpetweed

分类地位：番杏科（Aizoaceae）粟米草属（*Mollugo* Linn.）

形态学鉴别特征：1 年生草本，全体无毛。

①根：主根不明显，具分枝，细根多。

②茎：铺散，株高 10～30cm，多分枝。

③叶：基生叶莲座状，倒披针形。茎生叶常 3～5 片轮生或对生，披针形或条状披针形，长 1.5～3cm，宽 3～7mm，先端急尖或渐尖。叶柄短或近无柄。

④花：小，黄褐色。二歧聚伞花序顶生或腋生。花梗长 2～6mm。萼片 5 片，宿存，椭圆形或近圆形，长 2mm，边缘膜质。无花瓣。雄蕊 3 枚，花丝基部扩大。子房 3 室，上位。花柱 3 枚。

⑤果实：蒴果卵圆形或近球形，长 2mm，3 瓣裂。

⑥种子：多数，肾形，黄褐色，有多数瘤状突起。

生物学特性：花果期 8～9 月。

生境特性：生于旱耕地、园地、路旁、田边等。

3.64　马齿苋 *Portulaca oleracea* Linn.

中文异名：马齿菜、长命菜、马舌菜、酱瓣草、酸菜

英文名：purslane

分类地位：马齿苋科（Portulacaceae）马齿苋属（*Portulaca* Linn.）

形态学鉴别特征:1年生草本,肉质,光滑无毛。

①根:具主根或大分枝。

②茎:多分枝,平卧或斜倚,伏地铺散,多分枝,圆柱形,长10~15cm,淡绿色或带暗红色。

③叶:互生,有时近对生。扁平肥厚,肉质,多汁,楔状长圆形或倒卵形,长1.0~3cm,宽0.6~1.5cm,先端钝圆,截形或微凹,基部楔形,全缘。上面暗绿色,下面淡绿色或带暗红色,中脉微隆起。叶柄粗短。

④花:无梗,直径4~5mm,常3~5朵簇生枝端。总苞片4~5片,三角状卵形。萼片2片,基部与子房合生。花瓣5枚,黄色,先端凹,倒卵状长圆形。雄蕊通常8~12枚,长约12mm,花药黄色。子房无毛,花柱比雄蕊稍长,柱头4~6裂,线形。

⑤果实:蒴果卵球形,长5mm,盖裂。

⑥种子:细小,极多,扁圆,黑褐色,有光泽,表面具小疣状突起。

生物学特性:花期5~8月,果期6~9月。性喜肥沃土壤,耐旱亦耐涝,适应性强。

生境特性:生于田间、菜园及路旁。

3.65　千金藤 *Stephania japonica*（Thunb.）Miers

中文异名:金线吊乌龟

拉丁文异名:*Menispermum japonicum* Thunb.，*Stephania hernandifolia* Miq.

分类地位:防己科(Menispermaceae)千金藤属(*Stephania* Lour.)

形态学鉴别特征:多年生草质或近木质缠绕藤本。

①根:块根粗长。根圆柱状,皮暗褐色,内面黄白色。

②茎:小枝细弱而韧,表面有细槽,老茎木质化,圆柱形。

③叶:草质或纸质,盾状着生。阔卵形,长 4～8cm,宽 4～7cm,顶端钝,基部近截形或圆形,全缘,上面深绿色,有光泽,背面粉白色,两面无毛,有时沿叶脉有细毛,掌状脉 7～9 条。叶柄盾状着生,长 5～10cm,有细条纹。

④花:花序伞状至聚伞状,腋生。总花梗长 2～3cm,无毛。花小,黄绿色。雄花萼片 6～8 片,卵形或倒卵形,花瓣 3～5 片,卵形,长为萼片的 1/2,花丝联合或柱状体,雄蕊 6 枚,合生,环列于柱状体的顶部。雌花萼片和花瓣 3～5 片,子房上位,卵圆形,花柱 3～6 裂,外弯。

⑤果实:核果球形,直径 6mm,熟时红色,内果皮坚硬,扁平马蹄形,背部有小疣状突起。

⑥种子:长 3mm。

生物学特性:花期 5～6 月,果期 8～9 月。

生境特性:生于山坡溪畔、路旁、疏林草丛中。

3.66 木防己 *Cocculus orbiculatus*（Linn.）DC.

中文异名:土木香、白木香

拉丁文异名:*C. trilobus*（Thunb.）DC.

分类地位:防己科（Menispermaceae）木防己属（*Cocculus* DC.）

形态学鉴别特征:草质或近木质缠绕性藤本。

①根:不整齐的圆柱形,粗长,外皮黄褐色,有明显纵沟,质坚硬。

②茎:木质化,纤细而韧,上部分枝表面有纵棱纹,小枝有纵线纹和柔毛。

③叶:互生,纸质。卵形或宽卵形或卵状长圆形,长 4～14cm,宽 2.5～6cm,先端形多变化,基部圆形、楔形或呈心形,全缘或微波状,两面被短柔毛,老时上面毛脱落,下面毛仍较密。中脉明显,侧脉 12 对。叶柄长 1～3cm,表面有纵棱,被细

柔毛。

　　④花：花单性异株。聚伞花序排成圆锥状，腋生或顶生。小，黄绿色，有短梗。雄花萼片6片，2轮排列，外轮萼片较小，长1～1.5cm，内轮萼片较大，花瓣6片，先端2裂，基部两侧耳状，内折，雄蕊6枚，与花瓣对生，分离。雌花序短，花数少，萼片和花瓣与雄花，有退化雄蕊6枚，心皮6枚，离生，子房三角状卵形。

　　⑤果实：核果近球形，蓝黑色，直径0.6～0.8cm，被白粉。外果皮膜质，中果皮肉质，内果皮坚硬，扁马蹄形，两侧有小横纹突起。

　　⑥种子：直径0.5mm。

生物学特性：花期5～8月，果期8～10月。

生境特性：生于丘陵、山坡、路边、灌丛及疏林中。

3.67　紫堇 *Corydalis edulis* Maxim.

英文名：common corydalis

分类地位：罂粟科（Papaveraceae）紫堇属（*Corydalis* Vent.）

形态学鉴别特征：1 年或 2 年生草本。

①根：具细长的直根。

②茎：稍肉质，呈红紫色，自基部分枝。

③叶：基生与茎生，具柄。三角形，长 5～10cm，2 或 3 回羽状全裂，1 回裂片 3～4 对，有柄，2 或第 3 回裂片倒卵形，不等羽状分裂，末回裂片狭倒卵形，先端钝，近无柄，3 深裂，先端有 2～3 齿裂。

④花：总状花序，长 3～10cm，具花 6～10 朵。苞片卵形或狭卵形，长 5mm，全缘，先端急尖或骤尖。花梗长 2～4mm。萼片 2 片，膜质，微红色，宽卵形，边缘撕裂状。花瓣淡蔷薇色至近白色，上花瓣瓣片连距长 1.5～2cm，瓣片先端扩展，微下凹，无小短尖，背面与下花瓣背面均具龙骨状隆起，矩圆筒形，蜜腺体长 3.5mm，下花瓣具瓣柄，柄与瓣片等长，基部具浅囊状突起，内花瓣狭小，先端内面深红色，瓣柄与瓣片近等长。子房线形，柱头宽扁，与花柱成丁字形着生。

⑤果实：蒴果线形，下垂，长约 3cm，宽 2mm。

⑥种子：黑色，有光泽，扁球形，直径约 1～1.5mm，宽 0.8mm，表面密布环状排列的小凹点。

生物学特性：花期 3～4 月，果期 4～5 月。

生境特性：生于荒山坡、宅旁隙地或墙头屋檐上。

3.68　黄醉蝶花 *Cleome viscosa* Linn.

中文异名：黄花菜

英文名：Asian spider flower；yellow spider flower

分类地位：白花菜科（Capparidaceae）白花菜属（*Cleome* Linn.）

形态学鉴别特征:1年生直立草本。全株密被粘性腺毛与淡黄色柔毛,无刺,有恶臭气味。

①根:具分枝。

②茎:直立,株高0.3~1m。基部常木质化,干后黄绿色,有纵细槽纹。

③叶:为具3~7小叶的掌状复叶。小叶薄草质,近无柄,倒披针状椭圆形,中央小叶最大,长1~5cm,宽5~15mm,侧生小叶依次减小,全缘但边缘有腺纤毛,侧脉3~7对。叶柄长1~5cm。无托叶。

④花:单生于茎上部叶腋,或在近顶端组成总状或伞房状花序。花梗纤细,长1~2cm。苞片叶状,3~5裂。萼片分离,狭椭圆形倒披针状椭圆形,长6~7mm,宽1~3mm,近膜质,有细条纹,内面无毛,背面及边缘有黏质腺毛。花瓣淡黄色或橘黄色,无毛,有数条明显的纵行脉,倒卵形或匙形,长7~12mm,宽3~5mm,基部楔形至多少有爪,顶端圆形。雄蕊10~20枚,花丝较花瓣短,花期时不露出花冠外,花药背着,长2mm。子房无柄,圆柱形,长8mm,除花柱与柱头外密被腺毛,花期时亦不外露,1室,侧膜胎座2个,胚珠多数,子房顶部变狭而伸长花柱长2~6mm,柱头头状。

⑤果实:蒴果圆柱形,密被腺毛,长6~9cm,中部直径3mm,成熟后果瓣自顶端向下开裂。

⑥种子:扁圆形,黑褐色,径1~1.5mm,表面有30条横向平行的皱纹。

生物学特性:无明显的花果期,通常3月出苗,7月果熟。

生境特性:生于路旁、荒地等。

●3.69 臭荠 *Coronopus didymus*(L.)J. E. Smith

英文名:swine wart cress

分类地位:十字花科(Cruciferae)臭荠属(*Coronopus* J. G. Zinn.)

形态学鉴别特征：1年或2年生匍匐草本。全株有臭味。外来入侵杂草。

①根：主根明显，直长，有分叉，细根发达。

②茎：通常匍匐，也有直立，株高50～80cm，主茎短且不显明，多分枝，自基部分枝，无毛或有长单毛。

③叶：一回或二回羽状全裂，裂片3～7对，线形或狭长圆形，长3～10mm，宽1mm，先端急尖，基部楔形，全缘，两面无毛。柄长5～8mm。

④花：总状花序腋生，长1～4cm。花小，白色，直径约为1mm。萼片具有白色膜质边缘；具白色长圆形花瓣或无花瓣。雄蕊2枚。花柱极短，柱头凹陷，稍2裂。

⑤果实：短角果扁肾球形，长1.5mm，宽2mm，顶端下凹，果瓣表面皱缩成网状，果熟时从中央分离但不开裂。每室有种子1粒。

⑥种子：细小，卵形，长1mm，红棕色。

生物学特性：花期3～4月，果期4～6月。

生境特性：主要分布在旱作物地、果园、荒地、路旁等处。

3.70　独行菜 *Lepidium apetalum* Willd.

中文异名：腺独行菜

分类地位：十字花科(Cruciferae)独行菜属(*Lepidium* Linn.)

形态学鉴别特征：1年生或2年生草本。

①根：主根明显，有分枝。

②茎：直立或斜升，株高5～30cm，自基部有多数分枝，被头状腺毛。

③叶：基生叶莲座状，平铺地面，狭匙形，长2～4cm，宽5～10mm，先端急尖，基部渐狭，边缘有稀疏缺刻状锯齿，羽状浅裂或深裂，柄长1～2cm。茎生叶狭披针形或条形，长1.5～5.5cm，宽1～4mm，边缘具疏齿或全缘，两面无毛或疏生头状腺毛，无柄。

④花:总状花序顶生,果期长 10cm。花小,不明显。花梗丝状,长约 1mm,被棒状毛。萼片舟状,椭圆形,长 1mm,无毛或被柔毛,具膜质边缘。花瓣极小,匙形,白色,长约 0.3mm,有时退化成丝状或无花瓣。雄蕊 2 枚,稀 4 枚,位于子房两侧,伸出萼片外,花丝线形,花药近圆形。子房宽卵形,压扁,近无花柱,柱头扁圆形。

⑤果实:短角果扁平,近圆形,长约 3mm,宽 2mm,无毛,顶端凹,果梗纤细,长3mm,具 2 室,每室含种子 1 粒。

⑥种子:近椭圆形,长 1mm,棕色,近平滑。

生物学特性:花果期 5～7 月。

生境特性:主要分布于路旁、荒地、沟边、村庄附近及农田。

3.71 无瓣蔊菜 *Rorippa dubia*（Pers.）Hara

拉丁文异名:*Rorippa montana*（Wall.）Small

分类地位:十字花科（Cruciferae）蔊菜属（*Rorippa* Scop.）

形态学鉴别特征:1 年生草本。

①根:具分枝,根尖具细毛。

②茎:直立或铺散,株高 10～35cm,多分枝。

③叶:质薄。基生叶及茎下部叶通常大头羽裂,长 4～10cm,宽 1.5～4cm,顶裂片大,宽卵形或长椭圆形,边缘具不整齐钝锯齿,侧裂片 1～3 对,宽披针形,向下渐小,叶柄长 3～5cm,两侧具狭翅。茎上部叶片宽披针形或长卵形,长 3～6cm,宽1.5～2.5cm,边缘具不整齐锯齿或近全缘,基部具短柄或近无柄。

④花:总状花序顶生或腋生。萼片淡黄绿色,长圆形或长圆状披针形,长约2.5mm。花无瓣或有退化花瓣。

⑤果实:长角果线形,细直,长 2～4cm,宽 1mm。果梗长 3～6mm,斜上开展,

有多数种子,每室 1 行。

⑥种子:淡褐色,不规则圆形,子叶缘倚。

生物学特性:花期 4～9 月,果期 5～10 月。

生境特性:山坡路旁、屋边墙脚及田野潮湿处。

3.72 茅莓 *Rubus parvifolius* Linn.

中文异名:小叶悬钩子

分类地位:蔷薇科(Rosaceae)悬钩子属(*Rubus* Linn.)

形态学鉴别特征:落叶小灌木,被短毛和倒生皮刺。

①根:具分枝,根深扎。

②茎:枝成拱形弯曲,被柔毛和稀疏钩状皮刺。

③叶:互生。3 出复叶,新枝上偶有 5 小叶。顶端小叶较大,菱状圆形至阔倒卵形或近圆形,长 2.5～5cm,宽 2～5cm,先端圆钝,基部圆形或宽楔形,边缘有不规则锯齿,上面疏生长毛,下面密生白色茸毛。托叶线形,长 6mm,被柔毛。侧生小叶稍小,宽倒卵形至楔状圆形,长 2～5cm,先端急尖至钝圆,基部宽楔形或近圆形,边缘浅裂,或不规则锯齿,上面伏生疏柔毛或近无毛,下面密被灰白色茸毛。柄长 2.5～5cm。

④花:伞房花序顶生或腋生,花少数,密被柔毛和细刺。花梗长 1cm。花萼 5 裂,萼片卵状披针形或披针形,先端渐尖,有时分裂,花果时直立,被长柔毛或针刺。花瓣 5 片,粉红色,倒卵形,长 6mm。雄蕊多数。子房具柔毛。心皮多数,分离,生于凸起的花托上。

⑤果实:聚合果卵球形,径 1cm,无毛或具疏柔毛,熟时红色,可食。

⑥种子:长 2mm。

生物学特性:花期 4～7 月,果期 7～8 月。

生境特性：生于山坡、路旁,荒地灌丛中和草丛中。

3.73 蛇莓 *Duchesnea indica*（Andrews）Focke

中文异名：地莓、蛇蛋莓、小草莓、三角虎

英文名：Indian mockstrawberry

分类地位：蔷薇科（Rosaceae）蛇莓属（*Duchesnea* J. E. Smith）

形态学鉴别特征：多年生匍匐草本。全株被毛。

①根：根茎粗短,细根多。

②茎：匍匐,多数,纤细,有柔毛,蔓延地面,节上生根。

③叶：三出复叶。小叶片菱状卵形或倒卵形,长 2～5cm,宽 1～3cm,先端圆钝,边缘具钝锯齿,两面有柔毛或上面无毛,近无柄。基生叶叶柄长,茎生叶叶柄短。托叶狭卵形至宽披针形。

④花：单生于叶腋,花梗长 3～6cm,有柔毛。花径 1.5～2.5cm。萼片卵形,长 5mm,先端锐尖,外面散生柔毛。副萼片倒卵形,长 5～8mm,比萼片长,先端常 3～5 齿裂。花瓣黄色,倒卵形,长 0.5～1cm,先端圆钝,无毛。雄蕊 20～30 枚。心皮多数,离生。花托果期膨大成半球形,海绵质,鲜红色,有光泽,径 1～2cm,有长柔毛。

⑤果实：聚合瘦果近球形,暗红色,长 1.5mm,干时仍光滑或微有皱纹,外包宿存萼片。

⑥种子：长 1mm。

生物学特性：花期 6～8 月,果期 8～10 月。

生境特性：生于路旁、果园、苗圃、沟边等潮湿环境。

3.74　野蔷薇 *Rosa multiflora* Thunb.

中文异名:多花蔷薇

英文名:rose；rosebush

分类地位:蔷薇科(Rosaceae)蔷薇属(*Rosa* Linn.)

形态学鉴别特征:攀缘灌木。

①根:分枝,细长。

②茎:小枝圆柱形,通常无毛,有短、粗稍弯曲皮束。

③叶:小叶 5～9 片,近花序的小叶有时 3 片。连叶柄长 5～10cm。小叶片倒卵形、长圆形或卵形,长1.5～5cm,宽 8～28mm,先端急尖或圆钝,基部近圆形或楔形,边缘有尖锐单锯齿,稀混有重锯齿,上面无毛,下面有柔毛。小叶柄和叶轴有柔毛或无毛,有散生腺毛。托叶篦齿状,大部贴生于叶柄,边缘有或无腺毛。

④花:多朵排成圆锥状花序,花梗长 1.5～2.5cm,无毛或有腺毛,有时基部有篦齿状小苞片。花径 1.5～2cm,萼片披针形,有时中部具 2 个线形裂片,外面无毛,内面有柔毛。花瓣白色,宽倒卵形,先端微凹,基部楔形。花柱结合成束,无毛,比雄蕊稍长。

⑤果实:近球形,径 6～8mm,红褐色或紫褐色,有光泽,无毛,萼片脱落。

生物学特性:花期 5～7 月,果期 10 月。

生境特性:生于路旁、灌丛、溪边、向阳山坡等。

3.75　龙牙草 *Agrimonia pilosa* Ledeb.

中文异名:仙鹤草

英文名:hairy agrimony

分类地位:蔷薇科(Rosaceae)龙牙草属(*Agrimonia* Linn.)

形态学鉴别特征:多年生草本。

①根:多呈块茎状,周围长出若干侧根,根茎短,基部常有1至数个地下芽。

②茎:株高30~60cm,被疏柔毛及短柔毛,稀下部被稀疏长硬毛。

③叶:奇数羽状复叶,通常有小叶3~4对,稀2对,向上减少至3小叶。柄被稀疏柔毛或短柔毛。小叶片无柄或有短柄,倒卵形、倒卵椭圆形或倒卵披针形,长1.5~5cm,宽1~2.5cm,顶端急尖至圆钝,稀渐尖,基部楔形至宽楔形,边缘有急尖到圆钝锯齿,上面被疏柔毛,下面通常脉上伏生疏柔毛,有显著腺点。托叶草质,绿色,镰形,稀卵形,顶端急尖或渐尖,边缘有尖锐锯齿或裂片,稀全缘,茎下部托叶有时卵状披针形,常全缘。

④花:穗状总状花序顶生,分枝或不分枝,花序轴被柔毛,花梗长1~5mm,被柔毛。苞片通常深3裂,裂片带形,小苞片对生,卵形,全缘或边缘分裂。花径6~9mm。萼片5片,三角卵形。花瓣黄色,长圆形。雄蕊5~15枚。花柱2个,丝状,柱头头状。

⑤果实:倒卵圆锥形,外面有10条肋,被疏柔毛,顶端有数层钩刺,幼时直立,成熟时靠合,连钩刺长7~8mm,最宽处径3~4mm。

生物学特性:花果期5~10月。

生境特性:常生于溪边、路旁、草地、灌丛、林缘及疏林下,海拔1300m以下。

●3.76 田菁 *Sesbania cannabina*(Retz.)Poir.

中文异名:碱青、涝豆

拉丁文异名:*Aeschynomene cannabina* Retz.

分类地位:豆科(Leguminosae)田菁属(*Sesbania* Scop.)

形态学鉴别特征:1年生半灌木状草本。外来植物。

①根:主根粗大,分枝多,根系庞大。

②茎:直立,株高 3～3.5m,绿色,有时带褐色红色,微被白粉,有不明显淡绿色线纹。平滑,基部有多数不定根,幼枝疏被白色绢毛,后秃净。折断有白色粘液,枝髓粗大充实。小枝和叶轴无刺。

③叶:偶数羽状复叶,具小叶 10～30 对,叶轴长 15～25cm,上面具沟槽,幼时疏被绢毛,后几无毛。托叶披针形,长可达 1cm,早落。小叶对生或近对生,线状长圆形,长 1～3cm,宽 2～5mm,位于叶轴两端者较短小,先端钝至截平,具小尖头,基部圆形,两侧不对称,上面无毛,下面幼时疏被绢毛,后秃净,两面被紫色小腺点,下面尤密。小叶柄长 1mm,疏被毛。小托叶钻形,短于或几等于小叶柄,宿存。

④花:总状花序长 3～10cm,具 2～6 朵花,疏生。总花梗及花梗纤细,下垂,疏被绢毛。苞片线状披针形,小苞片 2 片,均早落。花萼斜钟状,长 3～4mm,无毛,萼齿短三角形,先端锐齿,各齿间常有 1～3 腺状附属物,内面边缘具白色细长曲柔毛。花冠黄色,旗瓣横椭圆形至近圆形,长 9～10mm,先端微凹至圆形,基部近圆形,外面散生大小不等的紫黑点和线,胼胝体小,梨形,瓣柄长 2mm,翼瓣倒卵状长圆形,与旗瓣近等长,宽 3.5mm,基部具短耳,中部具较深色的斑块,并横向皱折,龙骨瓣较翼瓣短,三角状阔卵形,长宽近相等,先端圆钝,平三角形,瓣柄长约 4.5mm。雄蕊二体,对旗瓣的 1 枚分离,花药卵形至长圆形。雌蕊无毛,柱头头状,顶生。

⑤果实:荚果细长,长圆柱形,长 12～22cm,宽 2.5～3.5mm,微弯,外面具黑褐色斑纹,喙尖,长 5～10mm,果颈长 5mm,开裂。种子间具横隔,有种子 20～35 粒。

⑥种子:短圆柱状,长约 4mm,径 2～3mm,绿褐色,有光泽,种脐圆形,稍偏于一端。

生物学特性:花果期 7～12 月。

生境特性:生于湿生地、水沟旁、弃耕地等。

3.77 美丽胡枝子 Lespedeza formosa（Vog.）Koehne

分类地位：豆科（Leguminosae）胡枝子属（*Lespedeza* Michx.）

形态学鉴别特征：直立灌木。

①根：具分枝,根系深。

②茎：株高 1～2m。多分枝,枝伸展,被疏柔毛。

③叶：小叶椭圆形、长圆状椭圆形或卵形,两端稍尖或稍钝,长 2.5～6cm,宽 1～3cm,上面绿色,稍被短柔毛,下面淡绿色,贴生短柔毛。托叶披针形至线状披针形,长 4～9mm,褐色,被疏柔毛。柄长 1～5cm,被短柔毛。

④花：总状花序单一,腋生,比叶长,或构成顶生的圆锥花序。总花梗长可达 10cm,被短柔毛。苞片卵状渐尖,长 1.5～2mm,密被茸毛。花梗短,被毛。花萼钟状,长 5～7mm,5 深裂,裂片长圆状披针形,长为萼筒的 2～4 倍,外面密被短柔毛。花冠红紫色,长 10～15mm,旗瓣近圆形或稍长,先端圆,基部具明显的耳和瓣柄,翼瓣倒卵状长圆形,短于旗瓣和龙骨瓣,长 7～8mm,基部有耳和细长瓣柄,龙骨瓣比旗瓣稍长,花盛时明显长于旗瓣,基部有耳和细长瓣柄。

⑤果实：荚果倒卵形或倒卵状长圆形,长 8mm,宽 4mm,表面具网纹且被疏柔毛。

生物学特性：花期 7～9 月,果期 9～10 月。

生境特性：生于海拔 2800m 以下山坡、路旁及林缘灌丛中。

3.78 截叶铁扫帚 Lespedeza cuneata（Dum. Cours.）G. Don

英文名：Chinese lespedeza

分类地位：豆科（Leguminosae）胡枝子属（*Lespedeza* Michx.）

形态学鉴别特征：小灌木。

①根：具分枝，细根长。

②茎：高达 1m。茎直立或斜升，被毛，上部分枝。分枝斜上举。

③叶：密集，柄短。小叶楔形或线状楔形，长 1～3cm，宽 2～7mm，先端截形成近截形，具小刺尖，基部楔形，上面近无毛，下面密被伏毛。

④花：总状花序腋生，具 2～4 朵花。总花梗极短。小苞片卵形或狭卵形，长 1～1.5mm，先端渐尖，背面被白色伏毛，边具缘毛。花萼狭钟形，密被伏毛，5 深裂，裂片披针形。花冠淡黄色或白色，旗瓣基部有紫斑，有时龙骨瓣先端带紫色，冀瓣与旗瓣近等长，龙骨瓣稍长。闭锁花簇生于叶腋。

⑤果实：荚果宽卵形或近球形，被伏毛，长 2.5～3.5mm，宽 2.5mm。

⑥种子：赭褐色，肾圆形，光滑无毛。

生物学特性：花期 7～8 月，果期 9～10 月。

生境特性：生于海拔 2500m 以下的山坡路旁。

●3.79　黄香草木樨 *Melilotus officinalis*（L.）Pallas.

中文异名：黄香木樨、草木樨

拉丁文异名：*M. suaveolens* Ledeb.

英文名：yellow sweet clover

分类地位：豆科（Leguminosae）草木樨属（*Melilotus* Mill.）

形态学鉴别特征：1年生或2年生草本。外来入侵杂草。

①根：主根发达，呈分枝状胡萝卜形，根瘤较多。

②茎：直立，株高50～150cm，多分枝，具棱纹，无毛。

③叶：羽状3出复叶，柄长1～2cm。托叶线形，长5～8mm，基部宽，与叶柄合生。小叶椭圆形至窄矩圆状倒披针形，长1～2.5cm，宽5～12mm，先端钝圆，边缘具细锯齿，上面近无毛，下面疏被伏贴毛，侧脉伸至顶端。顶小叶柄长可达5mm，侧生小叶柄长1mm，被疏毛。

④花：总状花序腋生，长4～10cm，含花30～60朵。花梗长1.5～2mm，下弯。苞片线形，略短于花梗。花萼长1.5～2.5mm，萼齿5片，披针形，与萼筒近等长，疏被毛。花冠黄色，旗瓣近长圆形，长4～6mm，较翼瓣长或近等长，翼瓣与龙骨瓣具耳及细长瓣柄。雄蕊二体。子房披针形。花柱细长。

⑤果实：荚果卵圆形，长3mm，略扁平，先端具宿存花柱，浅灰色，有网纹，常不开裂，含种子一粒。

⑥种子：长圆形，长2mm，黄色或黄褐色。

生物学特性：1年生黄香草木樨，当年可开花结实。2年生黄香草木樨，当年生长茎和叶，不开花，第2年春季4月中旬萌发（东北），由根颈部越冬芽长出新枝。花期6～9月。在适宜条件下，种子5～7天发芽。出苗后15～20天根系生长较快，地上部分生长较缓慢，一般当根系生长较充分以后，地上部分的生长才逐渐加快。适宜在半干旱温湿气候条件下生长。对土壤的要求不严，在侵蚀坡地、盐碱地、沙土地等瘠薄土壤上均能旺盛生长。抗盐能力较强，在总含盐量0.2%～0.3%的土壤上也可生长。根系发达，抗寒、耐旱能力较强。

生境特性：主要分布在路边、田边、山坡草丛，常见于半森林、草原和路旁。

3.80　鸡眼草 *Kummerowia striata*（Thunb.）Schindl.

英文名：Japan clover

分类地位：豆科（Leguminosae）鸡眼草属（*Kummerowia* Schindl.）

形态学鉴别特征：1年生草本。

①根：直根系，侧根发达，在分枝初期，即形成根瘤，数量多，平均每株50粒，主要分布在根茎、主根和侧根上。

②茎：直立，斜升或平卧，株高10～40cm，基部多分枝，茎及枝上疏被白色向下倒生的毛。

③叶:3出复叶互生,有短柄。托叶膜质,狭卵形,长4～7mm,有明显脉纹,宿存。小叶被缘毛,倒卵形或长圆形,长0.5～1.5cm,宽3～8mm,先端圆钝,有小尖头,基部近圆形或楔形,主脉和叶缘疏生白毛,侧脉密而平行,小叶柄短,被毛。

④花:花通常1～3朵腋生。小苞片4片,椭圆形,长1.5mm,具5～7脉。花梗短,长1～2mm。萼钟状,萼齿5深裂。花冠淡红色,长5～7mm。旗瓣宽卵形,翼瓣长圆形,与旗瓣近等长,龙骨瓣半卵形,均具瓣柄。

⑤果实:荚果宽卵形或椭圆形,长4mm,稍扁,顶端有尖喙,通常较萼稍长或等长,外面有细短毛,成熟时茶褐色,不开裂。有1粒种子。

⑥种子:卵形,长2mm,黑色。

生物学特性:花期7～9月,果期10～11月。生命力强。

生境特性:生于林下、田边、路旁,常能连片生长成为地毯状。

3.81　葛藤 *Pueraria lobata*（**Willdenow**）**Ohwi**

中文异名:野葛

拉丁文异名:*P. thunbergiana*(Sieb. et Zucc.)Benth.,*P. pseudo-hirsuta* Tang et Wang

英文名:kudzu vine

分类地位:豆科(Leguminosae)葛属(*Pueraria* DC.)

形态学鉴别特征:半木本的豆科藤蔓类植物。全株有黄色长硬毛。

①根:块根肥厚,圆柱形,富含淀粉。

②茎:基部粗壮,木质化,上部多分枝,小枝密被棕褐色粗毛。长可达10m以上,常铺于地面或缠于它物而向上生长。

③叶:3出复叶,叶柄长5.5~22cm。托叶卵形至披针形,盾状着生。小叶片全缘,优势浅裂,上面疏被伏贴毛,下面毛较密,有霜粉。顶生小叶菱状卵形,基部圆形。侧生叶较小,斜卵形。小托叶针状。

④花:总状花序腋生,长20cm,有时具分枝,被褐色或银灰色毛。小苞片披针形或卵状披针形,密被硬毛。花萼密被褐色粗毛,萼齿5片,披针形,长于萼筒。花冠紫红色,长15~18cm,旗瓣近圆形,先端微凹,翼瓣卵形,一侧或两侧有耳,龙骨瓣为两侧不对称的长方形。子房密被细毛。

⑤果实:荚果扁平,长5~10cm,宽约1cm,附着着金黄色的硬毛。

⑥种子:扁卵圆形,长5mm,红褐色,有光泽。千粒重13~18g。

生物学特性:花期7~9月,果期9~10月。

生境特性:生于丘陵地区的坡地上或疏林中,分布海拔高度约300~1500m处。常生长在草坡灌丛、疏林地及林缘等处,攀附于灌木或树上的生长最为茂盛。

3.82 野大豆 *Glycine soja* Sieb. et Zucc.

拉丁文异名:*G. ussuriensis* Regel et Maack

英文名：wild soja

分类地位：豆科(Leguminosae)大豆属(*Glycine* Willd.)

形态学鉴别特征：1年生草本。国家Ⅱ级重点保护农业野生资源。

①根：分枝多、细长，具根瘤。

②茎：缠绕、细长，密被棕黄色倒向伏贴长硬毛。

③叶：3出复叶互生。托叶小，与叶柄离生，宽披针形，被黄色硬毛。顶生小叶片卵形至线形，长 2.5～8cm，宽 1～3.5cm，先端急尖，基部圆形，两面密被伏毛。侧生小叶片较小，基部偏斜，小托叶狭披针形。

④花：总状花序腋生，长 2～5cm。花小，长 5～7mm。花萼钟形，萼齿 5 片，披针状钻形，与萼筒近等长，密被棕黄色长硬毛。花冠淡紫色，稀白色，稍长于萼，旗瓣近圆形，翼瓣倒卵状长椭圆形，龙骨瓣较短，基部一侧有耳。雄蕊近单体。子房无柄，密被硬毛。

⑤果实：荚果线形，长 1.5～3cm，宽 4～5mm，扁平，略弯曲，密被棕褐色长硬毛，2 瓣开裂，有 2～4 粒种子。

⑥种子：椭圆形或肾形，径 2～3mm，稍扁平，黑色。

生物学特性：花期 6～8 月，果期 9～10 月。

生境特性：生于向阳山坡灌丛中或林缘、路边、田边、湿地等。

3.83　酢浆草 *Oxalis corniculata* Linn.

中文异名：酸浆草、斑鸠草

英文名：creeping woodsorrel；creeping oxalis

分类地位：酢浆草科(Oxalidaceae)酢浆草属(*Oxalis* Linn.)

形态学鉴别特征：多年生草本，全株被柔毛。

①根：根茎稍肥厚，无鳞茎。

②茎:匍匐或斜生,柔弱,长可达50cm,多分枝,节上生不定根。

③叶:3出复叶互生。叶柄细长,长2~6.5cm,被柔毛。托叶小,与叶柄合生。小叶片倒心形,长0.5~1.3cm,宽0.7~2cm,无叶柄,被疏柔毛。

④花:伞形状聚伞花序腋生,花1至数朵,总花梗与叶柄近等长或长。花径1.5cm。萼片5片,长圆形,先端急尖或钝,长5mm,被柔毛。花瓣黄色,5片,倒卵形,微向外卷。雄蕊10枚,5枚长5枚短,花丝基部合生成筒。子房圆柱状,5室,密被柔毛。花柱5裂,花期比雄蕊长,被柔毛,柱头淡黄绿色。

⑤果实:蒴果近圆柱形,长1~2cm,有3条纵沟,被短柔毛,开裂时有弹性,能将种子弹出,每室有种子数粒。

⑥种子:黑褐色,有皱纹。

生物学特性:花期5~9月,果期6~10月。

生境特性:生于路边、田野、草地、旱地、园地、阴湿地等。耐寒、耐旱。

3.84 算盘子 *Glochidion puberum* Linn.

分类地位:大戟科(Euphorbiaceae)算盘子属(*Glochidion* T. R. et G. Forst., nom. cons)

形态学鉴别特征:直立灌木。

①根:具分枝。

②茎:株高1~2m,多分枝。小枝灰褐色。小枝、叶片下面、萼片外面、子房和果实均密被短柔毛。

③叶:纸质或近革质,长圆形、长卵形或倒卵状长圆形,长3~8cm,宽1~2.5cm,顶端钝、急尖、短渐尖或圆,基部楔形至钝。上面灰绿色,仅中脉被疏短柔毛或几无毛,下面粉绿色。侧脉每边5~7条,下面凸起,网脉明显。柄长1~3mm。托叶三角形,长1mm。

④花:小,雌雄同株或异株,2~5朵簇生于叶腋内。雄花束常着生于小枝下

部,雌花束则在上部,或雌花和雄花同生于一叶腋内。雄花花梗长 4～15mm,萼片
6 枚,狭长圆形或长圆状倒卵形,长 2.5～3.5mm,雄蕊 3 枚,合生呈圆柱状。雌花
花梗长 1mm,萼片 6 枚,较短和厚,子房圆球状,5～10 室,每室有 2 颗胚珠,花柱合
生呈环状,长宽与子房几相等,与子房接连处缢缩。

⑤果实:蒴果扁球状,径 8～15mm,边缘有 8～10 条纵沟,成熟时带红色,顶端
具有环状而稍伸长的宿存花柱。

⑥种子:近肾形,具三棱,长 4mm,朱红色。

生物学特性:花期 4～8 月,果期 7～11 月。

生境特性:生于草丛、灌丛、溪边等。

3.85　铁苋菜 *Acalypha australis* Linn.

英文名:copperleaf

分类地位:大戟科(Euphorbiaceae)铁苋菜属(*Acalypha* Linn.)

形态学鉴别特征:1 年生草本。

①根:具分枝,细根多。

②茎:直立,高 20～50cm,自基部分枝,伏生向上的白色硬毛。

③叶:互生。卵形至椭圆状披针形,长 3～9cm,宽 1～5cm,顶端渐尖或钝尖,
基部渐狭或宽楔形,上面有疏毛或无毛,下面毛稍密,沿叶脉伏生硬毛。叶脉基部
3 出。叶柄细长,长 2～6cm,伏生硬毛。

④花:穗状花序腋生,雌雄同花序。雄花簇生于花序上部,萼片卵形,背面被
毛,雄蕊 8 枚,雌花生于花序下部,有叶状肾形苞片,花萼 3 裂,子房 3 室,花柱 3
枚,枝状分裂。

⑤果实:蒴果三角状半圆形,外面被毛。

⑥种子:卵形,径 2mm,黑褐色,光滑。

生物学特性:苗期4～5月,花期7～9月,果期8～10月。

生境特性:生于低山坡、沟边、路旁及田野中。

●3.86 蓖麻 *Ricinus communis* Linn.

英文名:castor oil plant;castor bean

分类地位:大戟科(Euphorbiaceae)蓖麻属(*Ricinus* Linn.)

形态学鉴别特征:1年生粗壮草本或草质灌木。枝、叶和花序通常被有白霜。外来入侵杂草。

①根:倒圆锥形,分枝多,根系发达,入土深。

②茎:直立,高达1～5m,中空,上部分枝,幼时粉绿色,被白粉。多液汁。

③叶:互生。盾状着生,轮廓近圆形,直径20～60cm,掌状7～11中裂,边缘有不规则锯齿,上面绿色,下面浅绿色,网脉明显,叶柄长、粗,中空,基部具盘状腺体。托叶长三角形,早落。

④花:圆锥花序顶生或与叶对生,长15～30cm。雄花着生花序下部,花萼3～5裂,雄蕊极多数,花丝多分枝。雌花着生花序下部,花萼同雄蕊,萼片不等大,子房3室,宽卵形,被软刺,稀无刺,花柱红色,3枚,顶端深裂或羽毛状。

⑤果实:蒴果,卵球形或近球形,径1.5cm,具软刺,3室。

⑥种子:椭圆形,稍扁,长0.7～1cm,宽0.4～0.7cm,平滑,黑褐色,有灰白色斑纹,有加厚种阜。

生物学特性:种子繁殖。花期6～9月,果期10～11月。

生境特性:生于低海拔村旁、疏林、低山坡、路旁、河岸和荒地等。

3.87 地锦草 *Euphorbia humifusa* Willd.

中文异名:地锦、红丝草

英文名：humifuse euphorbia herb；herb of humifuse euphorbia

分类地位：大戟科（Euphorbiaceae）大戟属（*Euphorbia* Linn.）

形态学鉴别特征：1年生匍匐草本。折断有白色乳汁。

①根：分枝，细长，白色。

②茎：匍匐，纤细，长 10～30cm，质脆，易折断，近基部多分枝，带紫红色，无毛或疏被白色长柔毛。

③叶：对生。长圆形，长 5～10mm，宽 4～7mm，先端钝圆，边缘有细锯齿，基部常偏斜，两面无毛或疏生柔毛，绿色或带淡红色。叶柄短，长 1mm。托叶线形，通常深裂。

④花：杯状花序单生于叶腋。总苞倒圆锥形，浅红色，顶端 4 裂，裂片长三角形，腺体 4 枚，长圆形，有白色花瓣状附属物。子房 3 室。花柱 3 枚，2 裂。

⑤果实：蒴果三棱状球形，光滑无毛。

⑥种子：卵形，长 1.2mm，宽 0.7mm，黑褐色，外被白色蜡粉。

生物学特性：花期 6～10 月，果期 7～11 月，果实渐次成熟。耐干旱，适生于较湿润而肥沃的土壤。

生境特性：生于路旁、田间、石缝、园地等。

●3.88　斑地锦 *Euphorbia supina* Raf.

中文异名：美洲地锦、血筋草

拉丁文异名：*Euphorbia maculate* L.

英文名：spotted spurge

分类地位：大戟科（Euphorbiaceae）大戟属（*Euphorbia* Linn.）

形态学鉴别特征：1年生匍匐小草本。折断后有白色乳汁。外来入侵杂草。

①根。纤细，分枝密。

②茎。柔细,淡紫色,弯曲,匍匐地上,长10~30cm,分枝多,有白色细柔毛。

③叶。对生。椭圆形或倒卵状椭圆形,长5~9mm,宽2~4mm,先端钝或微凹,基部近圆形,不对称,边缘上部有疏细锯齿,上面无毛,中央有紫斑,下面被稀疏白色长柔毛。叶柄短,1~1.5mm。托叶披针形,长1.5~2mm,边缘有缘毛。

④花。单一或数个排列成聚伞花序,腋生,被毛,具短柄。总苞倒圆锥形,顶端4裂,腺体4枚,扁圆形。雄花4~5朵,雌花1朵。子房3室,子房柄伸出总苞外,被柔毛。花柱短,3枚,柱头2裂。

⑤果实。蒴果三棱状球形,径2mm,被有白色细柔毛。

⑥种子。卵形,长0.6~1mm,具角棱,光滑,灰红色。

生物学特性:3~5月,果期5~11月。生态适应性强,耐贫瘠。

生境特性:要分布在山坡、路旁、荒地、田边、绿化带、苗圃、草坪等处。

3.89 白苞猩猩草 *Euphorbia heterophylla* Linn.

英文名：(Mexican) fireplant；painted euphorbia；Japanese poinsettia；desert poinsettia；wild poinsettia；fire on the mountain；paintedleaf；painted spurge；milkweed；kaliko plant

分类地位：大戟科（Euphorbiaceae）大戟属（*Euphorbia* Linn. ）

形态学鉴别特征：多年生草本。

①根：具主根，或大分枝根，根系多数。

②茎：直立，株高可达 1m，被柔毛。

③叶：互生，卵形至披针形，长 3～12cm，宽 1～6cm，先端尖或渐尖，基部钝至圆，边缘具锯齿或全缘，两面被柔毛。柄长 4～12mm。苞叶与茎生叶同形，较小，长 2～5cm，宽 5～15mm，绿色或基部白色。

④花：花序单生，基部具柄，无毛。总苞钟状，高 2～3mm，径 1.5～5mm，边缘5裂，裂片卵形至锯齿状，边缘具毛。腺体常 1 个，偶 2 个，杯状，径 0.5～1mm。雄花多朵。苞片线形至倒披针形。雌花 1 朵，子房柄不伸出总苞外，子房被疏柔毛，花柱 3 枚，中部以下合生，柱头 2 裂。

⑤果实：蒴果卵球状，长 5～5.5mm，径 3.5～4.0mm，被柔毛。

⑥种子：棱状卵形，长 2.5～3.0mm，径 2.2mm，被瘤状突起，灰色至褐色。无种阜。

生物学特性：花果期 2～11 月。

生境特性：或逸生路边草丛等。

3.90　凤仙花 *Impatiens balsamina* Linn.

中文异名：金凤花、小桃红

英文名：garden balsam；rose balsam

分类地位：凤仙花科（Balsaminaceae）凤仙花属（*Impatiens* Linn. ）

形态学鉴别特征:1年生草本。

①根:具分枝,细根密布。

②茎:直立,粗壮,株高 60～100cm,肉质,上部分枝。有柔毛或近于光滑。基部具多数纤维状根,下部节膨大。

③叶:互生,最下部叶有时对生。阔或狭披针形,长达 4～12cm,宽 1.5～3cm,顶端尖或渐尖,基部楔形,边缘有锐齿,两面无毛或疏被柔毛,侧脉 4～7 对。柄长 1～3cm,上面有浅沟,两侧具数对无柄的腺体。

④花:单生或 2～3 朵簇生于叶腋。无总花梗。花形似蝴蝶,单瓣或重瓣,花色有粉红、大红、紫、白黄、洒金等,同一株上能开数种颜色的花朵。花梗长 2～2.5 cm,密被柔毛。苞片线形,位于花梗的基部。萼片 3 片,侧生萼片卵形或卵状披针形,长 2～3mm,唇瓣舟状,长 13～19mm,宽 4～8mm,被柔毛,基部急尖,具长 1～2.5cm内弯的距。旗瓣圆形,兜状,先端微凹,背面中肋具狭龙骨状突起,顶端具小尖。翼瓣具短柄,长 23～35mm,2 裂,下部裂片小,倒卵状长圆形,上部裂片近圆形,先端 2 浅裂,外缘近基部具小耳。雄蕊 5 枚,花丝线形,花药卵球形,顶端钝。子房纺锤形,密被柔毛。

⑤果实:蒴果宽纺锤形,长 1～2cm,两端尖,有白色茸毛,成熟时弹裂为 5 个旋卷的果瓣。

⑥种子:多数,球形,径 1.5～3mm,黑褐色。

生物学特性:种子繁殖。3～9 月进行播种,以 4 月播种最为适宜,移栽不择时间。生长期在 4～9 月,种子播入盆中后一般 1 周即发芽长叶。

生境特性:花坛、盆景、路旁等。

3.91　小叶葡萄 *Vitis sinocinerea* W. T. Wang

分类地位:葡萄科(Vitaceae)葡萄属(*Vitis* Linn.)

形态学鉴别特征:木质藤本。

①根:具分枝。

②茎:幼枝密被短柔毛,后变光滑,卷须不分枝。

③叶:纸质,卵形,长1.5～6cm,宽2～4cm,先端渐尖,基部心形,中部明显或不明显3浅裂,边缘具小锯齿。基出脉5条,侧脉3对,上面被短柔毛,有时无毛,下面密被锈色或灰白色茸毛。柄长1～3.5cm,被柔毛。

④花:圆锥花序长2.5～7.5cm,被柔毛。

⑤果实:浆果近球形,径5mm。

⑥种子:长2～3mm。

生物学特性:花期5～6月,果期9～10月。

生境特性:生于山坡草丛、灌木丛等。

3.92 蛇葡萄 *Ampelopsis sinica*（Miq.）W. T. Wang

中文异名：山葡萄、野葡萄、山天萝

拉丁文异名：*A. glandulosa*（Wall.）Momiy.

英文名：Amur ampelopsis；Romanet grape root；wild grape

分类地位：葡萄科（Vitaceae）蛇葡萄属（*Ampelopsis* Michx.）

形态学鉴别特征：多年生草质藤本。

①根：粗壮，外皮黄白色。圆柱形，具分枝。

②茎：具皮孔，幼枝被锈色短柔毛，卷须与叶对生，二叉状分枝。

③叶：纸质，单叶互生。心形或心状卵形，长 5～10cm，宽 5～8cm，顶端不裂或具不明显 3 浅裂，侧裂片小，先端钝，基部心形，上面绿色，下面淡绿色，两面均被锈色短柔毛，边缘有带小尖头的浅圆齿。基出脉 5 条，侧脉 4 对，网脉背面稍明显。柄长 1～7cm，被锈色短柔毛。

④花：二歧聚伞花序与叶对生，长 2～6cm，被锈色短柔毛，总花梗长 1～2.5cm。花小，黄绿色，两性，有长 2mm 的花梗，基部有小苞片。花萼盘状，5 浅裂，裂片有柔毛。花瓣 5 片，镊合状排列，卵状三角形，长 2mm，外被柔毛。雄蕊 5 枚，与花瓣对生。子房 2 室，扁球形，被杯状花盘包围。

⑤果实：浆果球形，幼时绿色，熟时蓝紫色，径 8mm。

⑥种子：近球形，径 2～3mm。

生物学特性：花期 6～7 月，果期 9～10 月。

生境特性：生于疏林、旷野、山谷、路旁、溪边、草地、湿地等。海拔 300～1200m。

3.93 牯岭蛇葡萄 *Ampelopsis brevipedunculata*（Maxim.）Maxim. ex Trautv. var. *kulingensis* Rehd.

英文名：porcelain vine

分类地位:葡萄科(Vitaceae)蛇葡萄属(*Ampelopsis* Michx.)

形态学鉴别特征:木质藤本,全体无毛或近无毛。

①根:分枝粗壮。

②茎:枝较粗壮;卷须分叉。

③叶:纸质。心状5角形或肾状5角形,明显3浅裂,侧裂片先端渐尖,常稍成尾状,基部浅心形,边缘有牙齿。上面深绿色,下面稍淡。柄长2.5~7cm,无毛。

④花:聚伞花序具长梗。花小,黄绿色,两性。萼片和花瓣均5片,镊合状排列。花盘杯状,雄蕊5枚。子房2室。

⑤果实:浆果近球形,径5~7mm,熟时鲜蓝色。

⑥种子:径3~4mm。

生物学特性:花期6~7月,果期9~10月。

生境特性:生于山坡、山溪旁灌木丛等。

3.94 异叶蛇葡萄 *Ampelopsis humulifolia* var. *heterophylla* (Thunb.) K. Koch

分类地位:葡萄科(Vitaceae)蛇葡萄属(*Ampelopsis* Michx.)

形态学鉴别特征:木质藤本。

①根:具分枝。

②茎:枝褐色,无毛。

③叶:单叶。坚纸质。宽卵形或近圆形,长3.5~14cm,宽3~11cm,3~5裂,中裂。上面鲜绿色,有光泽,无毛,下面淡绿色,脉上稍有毛。

④花:聚伞花序分枝疏散,总花梗长4~6.5cm,长于叶柄。

⑤果实:浆果球形,径6~8mm,熟时通常淡黄色或淡蓝色。种子2~4粒。

⑥种子:长椭圆形,顶端近圆形,径3.5mm。

生物学特性:花期5~6月,果期8~9月。

生境特性:生于水沟边、旷野等。

3.95 乌蔹莓 *Cayratia japonica*(Thunb.)Gagnep.

中文异名:五瓜金龙、五叶莓、乌蔹草、母猪藤

英文名:Japanese cayratia

分类地位:葡萄科(Vitaceae)乌蔹莓属(*Cayratia* Juss.)

形态学鉴别特征:多年生草质藤本。

①根:大分枝根圆柱形,深长。

②茎:圆柱形,扭曲,有纵棱,多分枝,带紫红色。幼枝绿色,有柔毛,后变无毛。卷须二歧分叉,与叶对生。

③叶:皱缩,展平后为掌状复叶,小叶常5片,稀7或9片,柄长达4cm以上。小叶片椭圆形、椭圆状卵形至狭卵形,长2.5~8cm,宽2~3.5cm,先端急尖至短渐尖,有小尖头,基部楔形至宽楔形,边缘具疏锯齿,两面中脉有茸毛或近无毛,中间小叶较大,长可达8cm,有长柄,侧生小叶较小,柄短。托叶三角形,早落。

④花:复二歧聚伞花序,腋生或假腋生,伞房状,径6~15cm,具长梗,有或无毛。顶端有3分枝,分枝再分叉,或连续再分叉。花小,黄绿色,具短柄,外被粉状微毛或近无毛。花萼不显。花瓣4片,先端无小角或有极轻微小角。雄蕊4枚,与花瓣对生,花药长方形。雌蕊1枚。柱头丝状。花盘4裂,红色,与子房结合。子房位于花盘内,内陷。

⑤果实:浆果卵形,径6~8mm,成熟时紫黑色,内有种子2~4粒。

⑥种子:三棱形,三面不对称,两面有网状突起,一面光滑,种皮棕褐色,坚硬,长约4mm,基部3~3.5mm。

生物学特性:3月下旬开始从地下根茎上发新芽,4~5月大量发生,拔除后,残留根茎上很快就会萌发出新苗。花期5～6月,果期8～10月。

　　生境特性:生于旷野、山谷、林下、路旁、草地、湿地等。

●3.96　苘麻 *Abutilon theophrasti* Medic.

中文异名:青麻、野麻

拉丁文异名:*A. avicennae* Gaertn.

英文名:China jute

分类地位:锦葵科(Malvaceae)苘麻属(*Abutilon* Mill.)

形态学鉴别特征:1年生草本。入侵杂草。

①根:有明显主根,有分枝,细根发达。

②茎:直立,株高30～150cm,绿色,上部多分枝,全株密被柔毛和星状毛。

③叶:互生。圆心形,长5～12cm,宽与长几相等,先端长渐尖,基部心形,边缘具粗细不等的锯齿,两面全有毛。柄长3～12cm,被星状柔毛。托叶披针形,早落。

④花:单生于叶腋,或有时组成近总状花序,花梗细长,长1～3cm,被柔毛,近顶端具关节。花萼杯状,5裂,裂片卵状披针形,长6mm。花瓣5片,鲜黄色,倒卵形,长1cm,无副萼。雄蕊多数,连合成筒,雄蕊柱光滑无毛。雌蕊心皮15～20,顶端平截,排成轮状密被柔毛,花柱枝与心皮同数,柱头球形。

⑤果实:蒴果半球状,径2cm,长1.2cm,分果瓣15～20片,具粗毛,先端生2长芒,成熟时黑褐色。每分果具1至数粒。

⑥种子:肾状卵形,长4mm,灰褐色,被星状柔毛。种脐下凹。

生物学特性:花期6～8月,果期8～10月。种子成熟后,9月中、下旬又可发生一个高峰,10月下旬下霜后死亡。

生境特性:常生于旱耕地、荒地、路旁、山坡、田边、堤边等。

3.97 白背黄花稔 *Sida rhombifolia* Linn.

中文异名:金午时花

英文名:commom bala；arrowleaf sida

分类地位:锦葵科(Malvaceae)黄花稔属(*Sida* Linn.)

形态学鉴别特征:半灌木。

①根:具分枝,根系细长。

②茎:植株高 1m,分枝多,枝被星状绵毛。

③叶:菱状卵形至长圆状披针形,长 2.5～5cm,宽 0.5～2cm,先端钝圆或急尖,基部宽楔形,边缘具锯齿,上面疏被星状柔毛,下面被灰白色星状柔毛。叶柄长 3～5mm,被星状柔毛。托叶纤细,刺毛状,与叶柄近等长。

④花:单生于叶腋,或簇生。花梗长 1～2cm,密被星状柔毛,中部以上有关节。萼杯形,长 4～5mm,被星状短茸毛,裂片 5 片,三角形。花冠黄色,径 1cm,花瓣倒卵形,长 8mm,先端圆,基部狭。雄蕊柱无毛,疏被腺状乳突,长 5mm。花柱枝 8～10 个,线形。

⑤果实:果半球形,直径 6～7mm,分果瓣 8～10 片,被星状柔毛,顶端具 2 短芒。

⑥种子:黑褐色,长 1mm,无毛。

生物学特性:花期 9～10 月,果期 10～11 月。

生境特性:常生于旱耕地、荒地、路旁、山坡、田边、溪沟边等。

3.98 马松子 *Melochia corchorifolia* Linn.

中文异名:野路葵

英文名:juteleaf melochia

分类地位:梧桐科(Sterculiaceae)马松子属(*Melochia* Linn.)

形态学鉴别特征:多年生半灌木状草本。

①根:具分枝,细根密布。

②茎:直立或铺散,株高30～100cm,多分枝,幼枝与叶柄散生星状柔毛。

③叶:互生,薄纸质。卵形或披针形,长2.5～6cm,宽1.5～3cm,顶端急尖或钝,基部圆形或心形,边缘有不规则细锯齿,背面疏柔毛,基出脉3条。柄长5～25mm。托叶线形。

④花:花无柄,密集成顶生或腋生的聚伞花序或团伞花序。小苞片线形,混生于花序内。花萼钟状,5浅裂,长2.5mm,外被毛。花瓣5片,白色,后变为淡红色,矩圆形、匙形或长圆形,长6mm,基部收缩。雄蕊5枚,下部合生成管状,与花瓣对生。子房无柄,5室,密生柔毛。花柱5枚。

⑤果实:蒴果圆球形,有5棱,径5mm,密生长柔毛,成熟时室背开裂,每室有种子1～2粒。

⑥种子:倒卵形,略呈三角状,长2～3mm,灰褐色,粗糙,有鳞毛。

生物学特性:花期8～9月,果期9～11月。

生境特性:生于田野、山坡、路旁、草丛等。

3.99 柽柳 *Tamarix chinensis* Lour.

中文异名:西河柳、垂丝柳

英文名:Chinese tamarisk; five-stamen tamarisk; saltcedar

分类地位:柽柳科(Tamaricaceae)柽柳属(*Tamarix* Linn.)

形态学鉴别特征:乔木或灌木。

①根:分枝多,细长。

②茎:高3～8m。老枝直立,暗褐红色,光亮。幼枝稠密细弱,深绿色,小枝纤

细,常开展而下垂。

③叶:互生。钻形或卵状披针形,有龙骨状突起,长1~3mm,先端尖,略内弯,基部抱茎,蓝绿色。无柄。

④花:总状花序单生于绿色或当年生的新枝顶端,长3~6cm,宽5~7mm。总状花序再形成大型疏散、下垂的圆锥花序。花梗比花萼长,长3~4mm。苞片线状钻形,绿色,较花梗长。萼片5枚,狭长卵形,具短尖头,略全缘,较花瓣略短。花瓣5片,倒卵形或倒卵状长圆形,长2mm,粉红色,果时宿存。花盘5裂,裂片先端圆或微凹,紫红色,肉质。雄蕊5枚,长于或略长于花瓣,花丝着生在花盘裂片间,自其下方近边缘处生出。子房圆锥状,花柱3枚,棍棒状。

⑤果实:蒴果长3.5mm,3瓣裂。

⑥种子:多数,细小,顶端具簇生毛,无胚乳。

生物学特性:每年开花2~3次,一般在5~6月和8~9月。果期10月。

生境特性:生于河岸、村庄旁、荒野草丛等。

3.100 犁头叶堇菜 *Viola magnifica* C. J. Wang et X. D. Wang

中文异名：地草果、地黄瓜、铧尖草等

英文名：plow blade violet

分类地位：堇菜科（Violaceae）堇菜属（*Viola* Linn.）

形态学鉴别特征：多年生草本。

①根：直根粗壮，长1～2.5cm，粗可达0.5cm，向下发出多条圆柱状支根及纤维状细根。

②茎：株高28cm。无地上茎。

③叶：均基生，通常5～7枚，果期较大，三角形、三角状卵形或长卵形，长7～15cm，宽4～8cm，在基部处最宽，先端渐尖，基部宽心形或深心形，两侧垂片大而开展，边缘具粗锯齿，齿端钝而稍内曲。上面深绿色，两面无毛或下面沿脉疏生短毛。柄长可达20cm，上部有极窄的翅，无毛。托叶大形，1/2～2/3与叶柄合生，分离部分线形或狭披针形，边缘近全缘或疏生细齿。

④花：大，淡粉红色或青紫色。萼片狭卵圆形，长4～7mm，宽2～3mm，基部附属器3.5mm，顶端具深锯齿。侧向花瓣具微毛，前花瓣长圆形。

⑤果实：蒴果椭圆形，长1.2～2cm，径5mm，无毛。果梗长4～15cm，在近中部和中部以下有两枚小苞片。小苞片线形或线状披针形，长7～10mm。宿存萼片狭卵形，长4～7mm，基部附属物长3～5mm，末端齿裂。

⑥种子：长2～3mm。

生物学特性：果期7～9月。喜阴。

生境特性：生于海拔700～1900m的山坡林下或林缘、谷地的阴湿处。

3.101　紫花地丁 *Viola yedoensis* Makino

中文异名：光瓣堇菜

英文名：purpleflower violet

分类地位:堇菜科(Violaceae)堇菜属(*Viola* Linn.)

形态学鉴别特征:多年生草本。

①根:根状茎粗短,主根黄白色,节密生,有数条淡褐色或近白色的细根。

②茎:无地上茎。株高5~20cm。

③叶:基生,多数,莲座状。叶形多变。下部叶片较小,呈三角状卵形或狭卵形。上部叶片较长,长椭圆形至广披针形或三角状卵形,长1.5~4cm,宽0.5~1cm,先端钝至渐尖,基部截形、楔形或微心形,稍下延于叶柄,边缘有浅圆齿,两面无毛或被细短毛,有时仅下面沿叶脉被短毛。果期叶片增大,长可达10cm,宽可达4cm。柄花期长于叶片1~2倍,上部具极狭的翅,果期长可达10cm,上部具较宽之翅,无毛或被细短毛。托叶膜质,大部与叶柄合生,离生部分钻状三角形,长1.5~2.5cm,2/3~4/5与叶柄合生,有睫毛,淡绿色或苍白色,边缘疏生具腺体的流苏状细齿或近全缘。

④花:花梗多数,细弱,与叶片等长或高出叶片,无毛或有短毛,中部附近有2枚线形小苞片。2片苞片位于花梗中部,线形。萼片卵状披针形,长5~7mm,先端渐尖,基部附属物短,长1~1.5mm,末端圆钝或截形,边缘具膜质白边,无毛或有短毛。花瓣倒卵形或长圆状倒卵形,蓝紫色,稀白色,侧瓣长1~1.2cm,里面无毛或有须毛,下瓣连距长1.3~2cm,里面有紫色脉纹蓝,喉部色较淡并带有紫色条纹,距细管状,长4~8mm,末端圆。花药长2mm,药隔顶部附属物长1.5mm,下方2枚雄蕊背部的距细管状,长4~6mm,末端稍细。子房卵形,无毛,花柱棍棒状,比子房稍长,基部稍膝曲,柱头三角形,两侧及后方稍增厚成微隆起的缘边,顶部微凹,具短喙。

⑤果实:蒴果椭圆形或长圆形,长5~12mm,无毛。

⑥种子:卵球形,长1~2mm,淡黄色。

生物学特性:花期3~4月,果期5~10月。

生境特性:生于野外草地、田野。

3.102 水苋菜 *Ammannia baccifera* Linn.

中文异名:细叶水苋、浆果水苋

英文名:common ammannia herb; roundleaf rotala herb

分类地位:千屈菜科(Lythraceae)水苋菜属(*Ammannia* Linn.)

形态学鉴别特征:1年生草本。

①根:分枝多,平展。

②茎:直立,株高10~45cm,多分枝,带淡紫色,具4棱,具狭翅,无毛。

③叶:交互对生或对生。披针形至长椭圆形,长可达1~5cm 宽0.3~1.2cm,主茎叶较大,侧枝叶较小,顶端渐尖或急尖,基部渐狭成短柄或近无柄,中脉腹面平

坦,背面略突出,侧脉不明显。

　　④花:花数朵组成腋生的聚伞花序,通常较密集,几无总花梗,花梗长 1.5mm。花极小,长 1～2mm,紫红色。苞片线状钻形。花萼花蕾期钟形,顶端平面为四方形,裂片 4 片三角形,比萼筒短,结实时半球形,包围蒴果的下半部,无棱,附属体褶叠状或小齿状。无花瓣。雄蕊 4 枚,贴生于萼筒中部,与萼裂片等长或比花萼稍短。子房球形,花柱极短或无。

　　⑤果实:蒴果球形,径 1～1.5mm,紫红色,中部以上不规律盖裂。

　　⑥种子:极小,近三角形,长 0.5mm,黑色。

生物学特性:花期 8～10 月,果期 10～12 月。

生境特性:生于湿地或稻田中。

3.103　野菱 *Trapa incisa* Sieb. et Zucc.

　　中文异名:刺菱、菱角

英文名：waterchestnut；watercaltrop；singharanut

分类地位：菱科(Trapaceae)菱属(*Trapa* Linn.)

形态学鉴别特征：1年生水生草本。国家Ⅱ级重点保护植物。

①根：细根多数，分枝多，呈须根状。

②茎：植株较纤细。地下茎细长，近圆柱形，节上生轮状细根。

③叶：2型。沉水叶小，早落，对生或3出，羽状细裂，裂片丝状，灰绿色，似根。浮水叶，互生，聚生于茎顶形成莲座状的菱盘，柄长3～10cm，中上部膨大为海绵质气囊，或稍膨大，或不膨大，气囊狭纺锤形，有时不明显，宽三角形或菱状三角形或扁圆状菱形，先端急尖，基部宽楔形或近截形，镶嵌式排列，无托叶，长1.5～2.5cm，宽2～3cm，中上部边缘具粗齿或浅齿，柄长3.5～10cm，被短毛，全缘，上面深绿、光滑，背面淡绿带紫，被棕褐色柔毛，脉间有棕色斑块。

④花：小，单生叶腋，两性，整齐。萼片4枚，披针形，长约4mm，深裂，背面脊上有疏毛或无毛或少毛，镶合状排列，其中2片或4片，在果期常演变成刺，基部有毛。瓣4枚，白色，覆瓦状排列，长约7mm。雄蕊4枚，花丝短，纤细，花药丁字型着生，药背着生，内向。花粉粒近扁球形，具3沟，有3个清楚的子午向条纹，多少由外壁的物质折叠而成，在极上相遇。花盘壳斗状，花梗无毛。子房半下位，2室，每室各有1悬垂的倒生胚珠，其中一胚珠不育，花柱细，1枚，钻状。柱头近球形。

⑤果实：坚果或假核果，陀螺形或倒三角形，黄绿色或微带紫色，表面有凹凸不平的刻纹，果壳木化而坚硬，高10～12mm，宽20mm，具4刺角。果柄细而短，长1～1.5cm。2肩角斜上伸，纤细，刺状，角间宽2～2.5cm，先端具倒刺。2腰角斜下伸，圆锥状，较短，刺角长约1cm。肩角和腰角部有瘤状突起，果冠明显，顶端有长约2mm的喙。果喙圆锥状，无果冠。果肉类白色，富粉性。气微，味甜微涩。细果野菱果实较小，宽1～2cm。

⑥种子：子叶2片，1片极小，鳞片状，1片极大，从花柱落后留下的顶孔萌发，鳞状子叶随胚轴的伸长出于种子之外，大型的子叶仍留种子中。

生物学特性：花期7～8月，果熟期10月。

生境特性：生于湖泊及池塘中。

3.104 丁香蓼 *Ludwigia epilobioides* Maxim.

中文异名：黄花水丁香、水蓼、水荒菜

拉丁文异名：*Ludwigia prostrata* Roxb.

英文名：climbing seedbox

分类地位：柳叶菜科(Onagraceae)丁香蓼属(*Ludwigia* Linn.)

形态学鉴别特征：1年生草本。

①根：具分枝，须根多。

②茎:近直立或下部斜升,株高 20～100cm,多分枝,有纵棱,暗带红紫色,无毛或疏被短毛。

③叶:单叶互生。披针形或长圆状披针形,长 2～8cm,宽 0.4～2cm,顶端渐尖,基部渐狭,全缘。近无毛或脉上极少被柔毛。柄短,长 3～10mm。秋后叶常变红色。

④花:叶腋生 1～2 朵,无柄。萼片 4～6 枚,卵状披针形或正三角形,长 1.3～1.5mm,外被短柔毛或无毛。花瓣 4 片,狭匙形,长 1.3～2.2mm,宽 0.4～0.9mm,黄色,稍短于萼裂片,早落,基部有 2 小苞片。雄蕊 4～6 枚,花粉粒单一。萼筒与子房合生,具 4～6 裂片,宿存。子房密被短毛。花柱长 1mm。柱头球形。

⑤果实:蒴果线状圆柱形,5 室,稀 4 室,长 1.5～3cm,宽 1.5～2mm,褐色,近无柄,成熟后室背果皮呈不规则开裂。

⑥种子:斜嵌入内果皮内,每室 1～2 行。细小,长卵形,长 1mm,宽 0.3mm,棕黄色,一端锐尖。种脐狭,线形。

生物学特性:花期 8～9 月,果期 9～10 月。

生境特性:生于水田、田边、路旁湿地、山麓等潮湿环境。

● 3.105 野胡萝卜 *Daucus carota* Linn.

中文异名:鹤虱草

英文名:Queen Anne's lace; wild carrot

分类地位:伞形科(Umbelliferae)胡萝卜属(*Daucus* Linn.)

形态学鉴别特征:2 年生草本。

①根:圆锥状,有明显主根,有分枝。直根肉质,淡黄色或近白色。侧根发达,细根多。

②茎:单生,高 15～120cm,全体有白色粗硬毛。

③叶:基生叶有长柄,长 2～12cm。长圆形,2～3 回羽状全裂,裂片长 2～15mm,宽 0.8～4mm,先端急尖,有小尖头,光滑或有糙硬毛。茎生叶近无柄,向上全部为鞘,末回裂片小或细长。

④花:复伞形花序,花序梗长 10～55cm,伞幅多数。总苞有多数苞片,向下反折,叶状,羽状分裂,具缘毛,裂片细长,线形,先端具长刺尖。小总苞片线形,不分裂或上部 3 裂,边缘白色,膜质,具缘毛。花梗多数,不等长。花瓣倒卵形,白色、黄色或淡紫色。

⑤果实:卵球形,长 3～4mm,宽 2mm。分果主棱 5 条,上有白刺毛,次棱 4 条,具翅,上有一行短钩刺。

⑥种子:胚乳腹面略凹陷。

生物学特性:苗期 3～4 月,花期 5～7 月,果期 7～9 月。

生境特性:生于山坡、路旁、荒地、田间等。

3.106 胡萝卜 *Daucus carota* Linn.

中文异名：甘荀、黄萝卜、丁香萝卜

英文名：carrot

分类地位：伞形科（Umbelliferae）胡萝卜属（*Daucus* Linn.）

形态学鉴别特征：2 年生草本。

①根：根肉质，长圆锥形，粗肥，呈红色或黄色。

②茎：直立，高 20～120cm，表面有白色粗硬毛。

③叶：基生叶有长柄。叶片 2～3 回羽状分裂，末回裂片线形或披针形。茎生叶的叶柄较短。

④花：复伞形花序顶生或腋生，有粗硬毛，伞梗 15～30 个或更多。总苞片 5～8 片，叶状，羽状分裂，裂片线形，边缘膜质，有细柔毛。小总苞片数片，不裂或羽状分裂。小伞形花序有花 15～25 朵。花小，白色、黄色或淡紫红色，每一总伞花序中心的花通常有 1 朵为深紫红色。花萼 5 片，窄三角形。花瓣 5 片，大小不等，先端凹陷，成 1 狭窄内折的小舌片。子房下位，密生细柔毛，结果时花序外缘的伞辐向内弯折。

⑤果实：卵圆形。分果主棱不显，次棱 4 条，成窄翅，翅上密生钓刺。

⑥种子：长 2～3mm。

生物学特性：花期 4～6 月，果期 6～7 月。

生境特性：栽培作物。常逸生为荒野、旱地的杂草。

3.107　络石 *Trachelospermum jasminoides*（Lindl.）Lem.

中文异名：石龙藤，万字花，万字茉莉

英文名：China starjasmine；confederate～jasmine

分类地位：夹竹桃科（Apocynaceae）络石属（*Trachelospermum* Lem.）

形态学鉴别特征：常绿攀缘藤本植物。

①根:具主根或分枝,基部具气生根。

②茎:枝蔓长 2~10m,有乳汁。圆柱形,老枝光滑,红褐色,有皮孔,节部常发生气生根,幼枝上有茸毛。

③叶:单叶对生。革质或近革质,椭圆形、宽椭圆形、卵状椭圆形至长椭圆形,长 2~8cm,宽 1~4cm,先端急尖、渐尖或钝,有时微凹或有小凸尖,基部楔形或圆形,叶面光滑,叶背有毛,渐秃净,中脉在下面凸起,侧脉 6~12 对,不明显。叶柄短,长 2~3mm,有短柔毛,后秃净。

④花:聚伞花序有花 9~15 朵,组成圆锥状,腋生或顶生。总花梗长 1~4cm。苞片及小苞片披针形,长 1~2mm。花梗长 2~5mm。花蕾钝头。花萼 5 深裂,裂片线状披针形,长 3~5mm,反卷。花冠白色,芳香,花冠筒中部膨大,喉部内面及着生雄蕊处有短柔毛,5 裂,裂片线状披针形,长 0.5~1cm,反卷,呈片状螺旋形排列。雄蕊 5 枚,着生花冠中部,花药箭头形,腹部黏生柱头上。花盘环状 5 裂,与子房等长。子房无毛,花柱圆柱状,柱头圆锥形,全缘。

⑤果实:蓇葖果双生,叉开,披针状圆柱形或有时成牛角状,长 5~18cm,宽 0.4~1cm,无毛。种子多数。

⑥种子:线形,褐色,长 1.3~1.7cm,宽 0.2cm,具长 3~4cm 的种毛。

生物学特性:花期 6~7 月,果期 8~12 月。喜半阴湿润的环境,耐旱也耐湿,对土壤要求不严,以排水良好的沙壤土最为适宜。

生境特性:生于山野、林缘或杂木林中,常攀缘在树木、岩石、墙垣上生长。

3.108　萝藦 *Metaplexis japonica*（Thunb.）Makino

中文异名:芄兰、羊婆奶、蔓藤草

英文名:Asclepiadaceae mildweed

分类地位:萝藦科(Asclepiadaceae)萝藦属(*Metaplexis* R. Br.)

形态学鉴别特征：多年生草本。全草含白色乳汁。

①根：根状茎横走。细长，绳索状，黄白色。

②茎：圆柱状，缠绕，长可达 2m 以上，幼时密被短柔毛，老时秃净。中空。下部木质化，上部淡绿色，有纵条纹。

③叶：对生。卵状心形，长 5～10cm，宽 3～6cm，顶端渐尖，基部心形，两侧有耳。两面无毛或幼时有微毛，背面粉绿色。侧脉 10～12 对，下面稍明显。柄长 2～5cm，顶端丛生腺体。

④花：总状聚伞花序腋生或腋外生，长 2～5cm，有花 10～15 朵。总花梗长 3～5cm。花梗长 3～5mm，有微毛。小苞片披针形，长 3mm。花蕾锥形，顶端尖，有柔毛。花萼裂片披针形，长 4mm。花冠白色，具淡紫色斑纹，近辐状，冠筒短，长 1mm，裂片披针形，内面密被茸毛。副花冠杯状，5 浅裂。雄蕊合生成圆锥状，花粉块长圆形，下垂。子房无毛，柱头延伸成长喙，长于花冠，顶端 2 裂。

⑤果实：蓇葖果双生，长角状纺锤形，长 8～10cm，宽 2～3cm，平滑。

⑥种子：褐色，扁平，卵圆形，长 6～7mm，有膜质边缘，顶端具白色种毛，种毛长 2mm。

生物学特性：花期 7～8 月，果期 9～12 月。

生境特性：生于山坡、田野、路旁、河边、灌丛和荒地等处。

●3.109　三裂叶薯 *Ipomoea triloba* Linn.

中文异名：小花假番薯、红花野牵牛

拉丁文异名：*Batatas triloba*（Linn.）Choisy；*Convolvulus trilobus*（Linn.）Desrousseaux；*Ipomoea blancoi* Choisy

英文名：littlebell，Aiea morning glory

分类地位：旋花科（Convolvulaceae）甘薯属（*Ipomoea* Linn.）

形态学鉴别特征:多年生攀缘草本,无毛或散生毛。入侵杂草。

①根:根系深扎,细根多。

②茎:细长,蔓生,缠绕或匍匐,节疏生柔毛。

③叶:卵形至圆形,长2~6cm,宽2~5cm,全缘或具粗锯齿或3深裂,基部心形,两面无毛或散生柔毛。柄长2.5~6cm,无毛或有时具小疣。

④花:花序腋生,数朵形成伞状花序,花序梗长2.5~5.5cm,无毛,具明显棱,上部有时具小疣。花梗多少具棱,长5~7mm,无毛,有时具小疣。苞片小,椭圆状披针形。萼片近相等,长3~8mm,外萼片稍短,外面散生柔毛,边缘具缘毛,内萼片略宽,常无毛。花冠漏斗状,长2cm,无毛,淡红色或淡紫红色。雄蕊内藏,花丝基部有毛。子房近卵球形,被毛。柱头2裂。

⑤果实:蒴果近球形,径5~6mm,具花柱形成的细尖头,并被细刚毛,4瓣裂。

⑥种子:长3.5mm,暗褐色,无毛。

生物学特性:花期5~10月,果期8~11月。

生境特性:分布于田边、路旁、沟旁、宅院、果园、山坡、苗圃等生境。

●3.110 裂叶牵牛 *Pharbitis nil*（Linn.）Choisy

中文异名:大花牵牛、日本牵牛、喇叭花、牵牛、朝颜

拉丁文异名:*Convolvulus nil* Linn., *Ipomoea nil*（Linn.）Roth

英文名:white edge morning glory

分类地位:旋花科(Convolvulaceae)牵牛属(*Pharbitis* Choisy)

形态学鉴别特征:1年生或多年生攀缘草本。全株有刺毛。外来入侵杂草。

①根:主根明显,深扎,侧根发达,细根多。

②茎:细长,圆柱形,径3mm,缠绕,多分枝,略具棱,被倒向短柔毛或长硬毛。

③叶:互生,宽卵形或近圆形,长5~16cm,宽5~18cm,通常3裂至中部,基部

深心形,中间裂片长圆形或卵圆形,渐尖或骤尾尖,两侧裂片底部宽圆,较短,卵状三角形,两面被微硬柔毛。掌状叶脉。柄长 2～13cm。

④花:聚伞花序有花 1～3 朵。总花梗长 0.5～8cm,被毛。苞片线形,长 5～8mm,被毛。花梗长 2～10mm。小苞片 2 片,线形,长 2～6mm。萼片 5 深裂,裂片近等长,线状披针形,长 1.8～2.5cm,外被长硬毛,尤以下部为多。花冠漏斗形,长 5cm～7cm,白色、淡蓝色至紫红色,管部白色,冠檐全缘或 5 浅裂。雄蕊 5 枚,内藏,不等长,贴生于花筒内,花丝基部被白色柔毛。子房 3 室,每室有 2 个胚珠,无毛。柱头头状。

⑤果实:蒴果球形,径 0.9～1.3cm,3 瓣裂或每瓣再分裂为 2 裂,内有种子 5～6 粒。

⑥种子:卵状三棱形,长 6mm,黑褐色或淡黄褐色,被灰白色短茸毛。

生物学特性:花期 5～10 月,果期 8～11 月。

生境特性:常生于路边、野地和篱笆旁。

3.111　圆叶牵牛 *Pharbitis purpurea*（Linn.）Voigt

中文异名:紫牵牛、毛牵牛

拉丁文异名:*Pharbitis purpurea*（Linn.）Voigt;*Convolvulus purpureus* Linn.

英文名:common morning glory

分类地位:旋花科(Convolvulaceae)牵牛属(*Pharbitis* Choisy)

形态学鉴别特征:1 年生攀缘草本。外来入侵杂草。

①根:主根明显,侧根发达、细长,细根多。

②茎:缠绕,长 2～3m 或更长,被短柔毛和倒向的粗硬毛,多分枝。

③叶:互生,圆卵形或阔卵形,长 4～18cm,宽 3.5～16.5cm,被糙伏毛,基部心形,边缘全缘或 3 裂,先端急尖或急渐尖。柄长 2～12cm。

④花:花序有花 1～5 朵。花序轴长 4～12cm。总花梗长 1～3cm,被糙伏毛。花梗长 0.5～1.5cm,花梗至少在开花后下弯,被倒向短柔毛。苞片线形,长 6～7mm,被伸展的长硬毛。萼片近等长,长 1～1.5cm,基部被开展的长硬毛,靠外的 3 片长圆形,先端渐尖,靠内的 2 片线状披针形。花冠漏斗状,长 4～6cm,紫色、淡红色或白色,无毛。雄蕊内藏,不等长,花丝基部被短柔毛。雌蕊内藏,子房无毛,3 室,每室胚珠 2 个,柱头头状,3 裂。

⑤果实:蒴果近球形,径 6～10mm,3 瓣裂。

⑥种子:卵球状三棱形,长 5mm,黑褐色,无毛或种脐处疏被柔毛。

生物学特性:花期 5～10 月,果期 8～11 月。

生境特性:生于路边、野地、林地、开发区空旷地、河岸、篱笆旁等。

●3.112 白花牵牛 *Ipomoea biflora*(Linn.)Persoon

英文名:white woodrose

分类地位:旋花科(Convolvulaceae)牵牛属(*Pharbitis* Choisy)

形态学鉴别特征:1 年生缠绕草本。

①根:具小直根。根系纤细。

②茎:攀缘、缠绕,微被白色柔毛。

③叶:互生,心形,有时 3 裂,具小尖头,边缘平滑,或带典型紫色。上面叶具白毛。柄长 3cm,具凹槽。

④花:花序有花 1～3 朵。总花梗长 1～2cm,被糙伏毛。花梗长 0.5～1.5cm,被柔毛。苞片线形,被硬毛。萼片线状披针形,绿色,长可达 1.2cm。花冠漏斗状,长 1.5～2cm,白色,略带紫色或粉红色。雄蕊内藏,不等长。花药粉紫色,花丝白色。雌蕊内藏,子房无毛,柱头白色。

⑤果实:扁圆形,径 10mm。

⑥种子:不规则椭圆形,具光泽,棕褐色。

生物学特性:花期6～10月,果期9～11月。

生境特性:生于河岸、湖边、荒野、草地等。

●3.113　茑萝 *Quamoclit pennata*（Desr.）Boj.

中文异名:羽叶茑萝、密萝松、五角星花

英文名:cypress vine

分类地位:旋花科（Convolvulaceae）茑萝属（*Quamoclit* Mill.）

形态学鉴别特征:1年生缠绕草本。外来杂草。

①根:根系发达,深扎,直根性。

②茎:细长,缠绕蔓生。

③叶:互生,无毛。卵形或长圆形,长4～7cm,宽5.5cm,羽状深裂至近中脉处,裂片线形,10～15对,最下面1对裂片成2～3分叉状。柄长8～35mm,基部具纤细的叶状假托叶2片,与叶同形。

④花:聚伞花序腋生,有花2～5朵。总花梗长1.5～9cm。苞片细小,钻形。花梗长8～25mm,果期中上部增粗。萼片长圆形至倒卵状长圆形,不等长,长3～5mm,先端钝,具小短尖头。花冠高脚碟状,长3～3.5cm,红色,有白色及粉红色变种,花冠筒细,上部稍膨大,具小鳞毛。子房4室,胚珠4个,柱头头状。

⑤果实:蒴果卵圆形,长7mm,4室,4瓣裂,含有种子4粒。

⑥种子:长圆状卵形,长3～5mm,黑褐色,具淡褐色糠秕状毛。

生物学特性:花期7～10月。耐贫瘠,对土壤要求不高。

生境特性:常生于路边、野地、田边、沟旁、宅院、果园、山坡、苗圃和篱笆旁。

● 3.114 美女樱 *Verbena hybrida* Voss

中文异名:草无色梅、铺地马鞭草、铺地锦

英文名:garden verbena

分类地位:马鞭草科(Verbenaceae)马鞭草属(*Verbena* Linn.)

形态学鉴别特征:为多年生草本植物。全株被灰色柔毛。外来杂草。

①根:具分枝,细根多。

②茎:直立,株高 30～50cm。四棱、横展、匍匐状,低矮粗壮,丛生而铺覆地面。

③叶:对生,长圆形、卵圆形或披针状三角形,长 3～7cm,宽 1.5～3cm,先端急尖,基部楔形,下延至叶柄,边缘具缺刻状粗齿或整齐的圆钝锯齿。两面被灰白色糙伏毛。具短柄。

④花:穗状花序短缩,顶生,长 2～2.5cm。多数小花密集排列呈伞房状。苞片长披针形,长 5mm,有长硬毛。萼细长筒状,长 1～1.5cm,外被灰白色长毛。花冠漏斗状,长 2～2.5cm,花色多,有白、粉红、深红、紫、蓝等,略具芬芳,顶端 5 裂。花冠筒长 1.8cm。雄蕊内藏。

⑤果实:蒴果圆柱形,长 5～8mm。

⑥种子:长 1～2mm。

生物学特性:花果期 5～10 月。喜温暖湿润气候,喜阳,对土壤要求不严。花期长,4 月至霜降前开花陆续不断。

生境特性:原产南美,为栽培花卉,已逸生为宅旁、路边草丛等的杂草。

3.115 牡荆 *Vitex negundo* Linn.

中文异名:荆条棵

拉丁文异名:*Vitex cannabifolia* Sieb. et Zucc.；*Vitex negundo* f. *interme-*

dia C. P'ei；*Vitex negundo* var. *typica* Lam.

分类地位：马鞭草科(Verbenaceae)牡荆属(*Vitex* Linn.)

形态学鉴别特征：落叶灌木。

①根：具分枝。

②茎：株高 1.5～2.5m。枝叶具香味，小枝方形，绿色，密被细毛，老枝圆形，褐色。

③叶：掌状复叶对生，通常为 5 小叶，在枝的顶端间或有 3 小叶。中间 3 小叶阔披针形，长 6～9cm，宽 2～3cm，基部楔形，先端长尖，边缘具粗锯齿或全缘而稍呈波状。两侧小叶卵形，长为中间小叶的 1/4 或 1/2，全缘或具锯齿，两面绿色并有细微油点，两面沿脉有细短毛，嫩叶背面毛较密。柄长 1～10mm，总柄长 10mm。

④花：圆锥花序顶生，长达 30cm，密被粉状细毛。小苞线形，有毛，着生于花梗基部。花梗短。萼钟状。花冠淡黄紫色，上唇 2 裂，下唇 3 裂。雄蕊 4 枚，伸出花管。子房小，柱头 2 裂。

⑤果实：核果径 3mm，黑褐色，包于宿存的萼内。

⑥种子：长 1～1.5mm。

生物学特性：花期 7～8 月，果期 9～10 月。

生境特性：生长于向阳地、山坡草坪上或低山谷中。

3.116　益母草 *Leonurus artemisia* (Laur.) S. Y. Hu

中文异名：茺蔚、益母蒿、益母艾

拉丁文异名：*L. heterophyllus* Sweet

英文名：wormwoodlike motherwort

分类地位：唇形科(Labiatae)益母草属(*Leonurus* Linn.)

形态学鉴别特征：1 年生或 2 年生草本。

①根：粗壮，具分枝。

②茎：直立，粗壮，株高 30～120cm，钝 4 棱形，微具槽，有倒向糙伏毛，在节及棱上尤为密集，老时秃净，通常在中部以上多分枝。

③叶：对生，叶形变化大。基生叶肾形至心形，径 4～9cm，边缘 5～9 浅裂，每裂片 2～3 钝齿。下部茎生叶掌状 3 全裂，中裂片长圆状菱形至卵形，通常长 1.5～6cm，宽 1～3cm，裂片再分裂。中部茎生叶菱形，较小，通常分裂成 3 个或偶有多个长圆状线形的裂片，基部狭楔形。顶部叶不裂，线形或披针形，长 3～10cm，全缘或具稀齿，两面均被短柔毛。基部叶具长柄，长可达 18cm，下部茎生叶柄长 1～3cm，上部叶几近无柄。

④花：轮伞花序腋生，具 8～15 朵花，球形。小苞片针刺状，长 3～4mm。花梗极短或无。花萼钟状管形，长 7mm，具明显 5 脉，下唇萼齿靠合，长 3mm，上唇萼齿较短，长 2mm。花冠二唇形，长 1.2cm，淡红或淡紫红色。花冠筒长 5mm，外面被毛，内面近基部有毛环，上、下唇直立，长圆形，全缘，近等长，3 裂，中裂片大，先端凹，基部楔形，侧裂片短小，卵圆形。雄蕊 4 枚，延伸至上唇片之下，花药卵圆形。花柱丝状，略超出雄蕊，先端 2 浅裂。花盘平顶。子房无毛。

⑤果实：小坚果 4 个，长圆状三棱形，长 2mm，顶端截平，淡褐色，光滑。

⑥种子：长 1～1.5mm。

生物学特性：花期 5～8 月，果期 8～10 月。

生境特性：生于路旁、林缘、溪边及草丛。

3.117 荔枝草 *Salvia plebeia* R. Br.

中文异名：雪见草、皱皮草

英文名：common sage herb

分类地位：唇形科（Lamiaceae）鼠尾草属（*Salvia* Linn.）

形态学鉴别特征：2年生草本。

①根：主根肥厚，向下直伸。

②茎：直立，株高 20～90cm，4 棱形，具槽，多分枝，被倒向疏柔毛。

③叶：基生叶多数，密集成莲座状，长圆形或卵状椭圆形，边缘有圆齿，叶面皱缩，两面有毛。茎生叶对生，长卵形或宽披针形，长 2～7cm，宽 0.8～4.5cm，先端钝或急尖，基部圆形或楔形，边缘具圆齿或牙齿，两面有短柔毛，下面散生黄褐色小腺点，柄长 0.4～4cm 密被短柔毛。

④花：轮伞花序有 2～6 朵花，组成假总状花序或圆锥花序，顶生或腋生。花梗长 1mm，与花序轴密被短柔毛。苞片披针形，长或短于花萼，被毛，具缘毛。花萼钟状，长 2.5～3mm，果时达 4mm，外被金黄色腺点及柔毛，分 2 唇，上唇顶端具 3 短尖头，下唇 2 齿，深裂。花冠唇形，淡紫色至蓝紫色，长 4.5mm，外面有毛，筒内基部有毛环，上唇长圆形，顶端有凹口，下唇较短，3 裂，中裂片大，先端微凹或呈浅波状。雄蕊 2 枚，药隔细长，药室分离甚远，上端的药室发育，下端的药室不发育。花盘前方裂片微隆起。花柱与花冠等长，顶端不等 2 裂。

⑤果实：小坚果倒卵圆形，径 0.5mm，褐色，平滑，有腺点。

⑥种子：长 0.2～0.3mm。

生物学特性：花期 5 月，果期 6～7 月。

生境特性：生于山坡、路边、田野、荒地、河边等。

3.118　薄荷 *Mentha haplocalyx* Briq.

中文异名：野薄荷、夜息香、南薄荷、水薄荷

英文名：corn mint; wild mint

分类地位：唇形科（Lamiaceae）薄荷属（*Mentha* Linn.）

形态学鉴别特征：多年生草本。

①根：须根发达，具匍匐根茎。

②茎：下部匍匐，上部直立，高 30～100cm，多分枝，锐 4 棱形，上部有倒向柔毛，下部仅沿棱上有微柔毛。

③叶：长圆状披针形、披针形或卵状披针形，长 3～8cm，宽 0.6～3cm，先端急尖或稍钝，基部楔形，边缘在基部以上疏生粗大牙齿状锯齿，两面疏生微柔毛和腺点，侧脉 5～6 对。柄长 0.3～2cm。

④花：轮伞花序多花，腋生，轮廓球形，具总花梗或近无梗。小苞片狭披针形。花梗纤细，长 2～3mm，有微柔毛或近无毛。花萼管状钟形，长 2.5mm，外面有微柔毛及腺点，内面无毛，萼齿三角形或狭三角形，长不到 1mm。花冠二唇形，淡红色、青紫色或白色，长 4～5mm，外面略有微柔毛，冠檐 4 裂，裂片长圆形，上唇先端 2 裂，下唇 3 裂全缘。雄蕊伸出，前对较长，花丝无毛。花柱略超出雄蕊。

⑤果实：小坚果长圆状卵形，平滑，具小腺窝。1 朵花最多能结 4 粒种子，贮于钟形花萼内。

⑥种子：长 0.2mm，淡褐色。

生物学特性：花果期 8～11 月。

生境特性：生于溪边草丛中、山谷及水旁阴湿处。

3.119 紫苏 *Perilla frutescens*（**Linn.**）**Britt.**

中文异名：白苏、桂荏、荏子、赤苏、红苏

英文名：perilla；basil

分类地位：唇形科（Lamiaceae）紫苏属（*Perilla* Linn.）

形态学鉴别特征：1 年生草本。

①根：分枝多。

②茎：直立，株高 0.5～1.5cm，钝 4 棱形，具 4 槽，紫色、绿紫色或绿色，有长柔

毛,棱与节上较密。

③叶:单叶对生。宽卵形或圆卵形,长 4～21cm,宽 2.5～16cm,先端急尖、渐尖或尾状尖,基部圆形或宽楔形,边缘具粗锯齿,两面绿色或紫色,或仅下面紫色,上面被疏柔毛,下面有贴生柔毛。侧脉 7～8 对。柄长 2.5～12cm,密被长柔毛。

④花:轮伞花序 2 花,组成偏向一侧的顶生和腋生假总状花序,长 2～15cm。每花有 1 苞片,苞片卵圆形或近圆形,径 4mm,先端急尖,具腺点。花梗长 1.5mm,密被微柔毛。花萼钟状,长 3mm,果时增大,长达 11mm,萼筒外密生长柔毛,并杂有黄色腺点。萼檐二唇形,上唇宽大,萼齿近三角形,下唇稍长,萼齿披针形。花冠长 3～4mm,二唇形,紫红色或粉红色至白色,上唇微凹,外面略有微柔毛。花冠筒短,冠檐近二唇形。雄蕊不外伸,前对稍长。柱头 2 裂。

⑤果实:小坚果 3 棱状球形,径 1.5～2.8mm,棕褐色或灰白色,有网纹。

⑥种子:长 0.3～0.5mm。

生物学特性:花果期 7～11 月。

生境特性:生于路边、地边、低山疏林下或林缘。

3.120　石荠苎 *Mosla scabra*（Thunb.）C. Y. Wu et H. W. Li

中文异名:土香薷

拉丁文异名:*M. Punctata*（Thunb.）Maxim.；*Orthodon scaber*（Thunb.）Hand.-Mazz.

英文名:scabrous mosla herb；herb of scabrous mosla；scabrous mosla

分类地位:唇形科(Lamiaceae)石荠苎属(*Mosla* Buch.-Ham. ex Maxim.)

形态学鉴别特征:1 年生草本。

①根:分枝,细根多。

②茎:直立,株高 30～100cm,4 棱形,具细条纹,多分枝,分枝纤细,密被短

柔毛。

③叶:对生,纸质。卵形或卵状披针形,长 1.5～4cm,宽 0.5～2cm,先端急尖或钝,基部圆形或宽楔形,边缘近基部全缘,自基部以上为锯齿状,上面榄绿色,被灰色微柔毛,下面灰白,密布凹陷腺点,近无毛或被极疏短柔毛。柄长 0.3～2cm,被短柔毛。

④花:轮伞花序组成长 2.5～15cm 总状花序,生于顶端及侧枝。苞片卵形或卵状披针形,长 2～3.5mm,先端尾状渐尖,花时及果时均超过花梗。花梗花时长 1mm,果时长可达 3mm,与序轴密被灰白色小疏柔毛。花萼钟形,长 2.5mm,宽 2mm,外面被疏柔毛,二唇形,上唇 3 齿呈卵状披针形,先端渐尖,中齿略小,下唇 2 齿,线形,先端锐尖,果时花萼长至 4mm,宽至 3mm,脉纹显著。花冠粉红色,长 4～5mm,外面被微柔毛,内面基部具毛环,冠筒向上渐扩大。冠檐二唇形,上唇直立,扁平,先端微凹,下唇 3 裂,中裂片较大,边缘具齿。雄蕊 4 枚,后对能育,药室 2 个,叉开,前对退化,药室不明显。花柱外伸,先端相等 2 浅裂。花盘前方呈指状膨大。

⑤果实:小坚果球形,径 1mm,黄褐色,具密网纹,网眼下凹。

⑥种子:长 0.5mm。

生物学特性:花果期 5～11 月。

生境特性:生于路旁、田边、山坡灌丛、沟边湿土等。

3.121 海州香薷 *Elsholtzia splendens* Nakai ex F. Maekawa

中文异名:香茹、香柔

拉丁文异名:*E. loeseneri* Hand.-Mazz.;*E. haichowensis* Sun ex C. H. Hu;*E. lungtanensis* Sun ex C. H. Hu

英文名:haichow elsholtzia

分类地位:唇形科(Lamiaceae)香薷属(*Elsholtzia* Willd.)

形态学鉴别特征:1年生草本。

①根:具主根或分枝,细根密布。

②茎:直立,通常呈棕红色,二歧分枝或单一,基部以上多分枝,株高30~50cm,4棱形,密被灰白色卷曲柔毛。

③叶:对生。卵状三角形、矩圆状披针形或被针形,长2~5cm,宽0.5~1.5cm,先端短渐尖或渐尖,基部狭楔形或楔形,下延至柄成狭翼,边缘具整齐尖锯齿,上面深绿色,被疏柔毛,下面沿脉疏被柔毛,两面均被凹陷腺点,沿主脉疏被柔毛。柄长5~15mm。

④花:轮伞花序疏松,花多数,组成顶生的穗状花序,偏向一侧,长1~4cm。花梗阶段,近无毛,序轴有短柔毛。苞片阔倒卵形,径4~5mm,绿色,先端骤尖,基部渐狭,全缘,两面均具长柔毛及腺点,边缘具长缘毛,具5条明显的纵脉。花萼钟形,长2~2.5mm,外面被白色短硬毛,萼齿5片,三角形,先端具刺芒尖头,具缘毛。花冠玫瑰红紫色,长6~7mm,外面密被柔毛,内面有毛环,上唇先端微缺,下唇3裂,中裂片圆形,侧裂片截形或近圆形。雄蕊4枚,均能育,二强,前对较长,均伸出花冠。子房上位,4裂。花柱超出雄蕊,顶端近相等2浅裂。

⑤果实:小坚果矩圆形,长1.5mm,黑棕色,有小疣点。

⑥种子:长0.5mm。

生物学特性:花果期9~12月。

生境特性:生于山坡路旁或草丛中。

3.122　酸浆 *Physalis alkekengi* Linn. var. *franchetii* (Mastsumura) Makino

中文异名:挂金灯、泡泡草、锦灯笼

英文名:bladder cherry;Chinese lantern;Japanese lantern;Winter cherry

分类地位:茄科(Solanaceae)酸浆属(*Physalis* Linn.)

形态学鉴别特征:多年生草本。

①根:根状茎白色,横卧地下,多分枝,节部有不定根。

②茎:直立,株高30~80cm,常不分枝,有纵棱,茎节膨大,幼茎被有较密的柔毛。上部疏具柔毛。

③叶:互生。每节生有1~2片叶。宽卵形或菱状卵形,长5~7cm,宽2~5cm,先端渐尖,基部宽楔形,偏斜,边缘有不整齐的粗锯齿或呈波状,无毛或近叶缘具短毛。短柄,长1~3cm,近无毛。

④花:花5基数。单生于叶腋。每株5~10朵。花梗长1cm,近无毛。花萼钟状,长6mm,绿色,5浅裂,裂片三角形,具短柔毛。花冠辐射状,径1.5~2cm,5裂,白色,上面有短柔毛。雄蕊5枚,与花柱均短于花冠,花药黄色。子房上位,2心皮,2室,柱头头状。

⑤果实:浆果球形,径1~1.5cm,外面为膨大宿萼包围。果萼形如灯笼,长3~4cm,径2.5~3.5cm,薄革质,网脉明显,有10纵肋,基部稍内凹,无毛,熟时与果均呈橙黄色。单果重2.5~4.3g,每果内含种子210~320粒。

⑥种子:肾形,淡黄色,长2mm,千粒重1.12g。

生物学特性:花期7~10月,果期10~11月。

生境特性:生于村边、路旁、山坡林下、林缘、溪边等。

3.123 龙葵 *Solanum nigrum* Linn.

中文异名:龙葵草

英文名:black nightshade;hound's berry

分类地位:茄科(Solanaceae)茄属(*Solanum* Linn.)

形态学鉴别特征：1年生草本。

①根：圆柱形，分枝多。

②茎：直立，株高 20～80cm，多分枝，无棱或棱不明显，绿色或紫色，近无毛或被微柔毛。

③叶：互生。卵形，长 2.5～10cm，宽 1.5～4cm，顶端尖锐，基部楔形至阔楔形下延至叶柄，全缘或有不规则波状粗齿，光滑或两面均被稀疏短柔毛，叶脉每边 5～6 条。柄长 1～2.5cm。

④花：短蝎尾状聚伞花序腋外生，总花梗长 1～2.5cm，每花序有 4～10 朵花，花梗长 5mm，下垂，近无毛或具短柔毛。萼小，浅杯状，径 1.5～2mm，5 浅裂，齿卵圆形或卵状三角形，绿色。花冠无毛，白色，辐射状，筒部隐于萼内，长不及 1mm，冠檐长 2.5mm，5 深裂，裂片卵状三角形，长 2mm。雄蕊 5 枚，着生花冠筒口，花丝短而分离，内面有细柔毛，花药黄色，长 1mm，顶孔向内。雌蕊 1 枚。子房球形，径 0.5mm，2 室。花柱长 1.5mm，下半部密生长柔毛。柱头小，头状。

⑤果实：浆果球形，径 4～6mm，熟时紫黑色，有光泽。

⑥种子：近卵形，扁平，长 1.5～2mm，淡黄色，表面略具细网纹及小凹穴。

生物学特性：花期 6～9 月，果期 7～11 月。当年种子一般不能萌发，经越冬休眠后才能发芽。

生境特性：生于路旁、山坡林缘、溪畔管草丛、村庄附近、田野等。

★●3.124　黄花刺茄 *Solanum rostratum* Dunal

中文异名：刺萼龙葵

英文名：buffalo bur poisonous；buffalobur nightshade；buffalobur；buffalo burr；Colorado bur；Kansas thistle；Mexican thistle；Texas thistle

分类地位：茄科(Solanaceae)茄属(*Solanum* Linn.)

形态学鉴别特征:1年生草本植物。除花瓣外,整个植株皆被长短不一的锥状刺,刺长 0.3～1.0cm。检疫性杂草。

①根:具直根系。有分枝根。

②茎:直立,株高 30～70cm,中下部多分枝,基部稍木质化。

③叶:单叶,互生。卵形或椭圆形,羽状深裂,中脉具刺,裂片 7 大 2 小,小裂片位于叶片基部,长 2.0～2.5cm,宽 1.5～2.0cm,大裂片长 6.5～11.3cm,宽 5.0～9.2cm。无托叶。柄长 3～4cm,密被刺。

④花:总状花序着生于分枝的顶端。花两性。花萼筒钟状,萼片 5 片,线状披针形,绿色,密被星状毛,长 0.1cm,宽 0.07～0.20cm,果时增大、宿存。花瓣黄色,下部联合,上部 5 裂片向外翻卷,直径 2.8～3.4cm。雄蕊二型,4 小 1 大,4 枚小雄蕊的形态、大小和颜色均一致,鲜黄色,花丝长 2.0～3.0mm,宽 0.5～0.7mm,花药长 6.5～8.5mm,宽 1.2～2.0mm。大雄蕊黄色,尖端向内弯曲,暗绿色或紫色,花丝长 2.5～3.0mm,宽 1.0～1.5mm,花药长 6.0～11.5mm,宽 2.0～3.0mm。花初开放时花药于顶端孔裂,花粉从孔中散出。子房椭球形,绿色,长 1.3～1.5mm,宽 1.2～1.4mm,花柱淡黄色,长 1.5～1.7cm,稍弯曲,其偏转方向与大雄蕊偏转方向相反,若花柱相对于花轴偏向左侧,大雄蕊则偏向右侧,相反,若花柱偏向右侧,大雄蕊则偏向左侧,二者间的夹角约 70°。花无花蜜,但具特殊香味,开花约 6h 后消失。

⑤果实:浆果球形,初为绿色,成熟后变为黄褐色或黑色,径 0.5～1.0cm,果皮薄,完全被具尖刺的宿存萼片所包被。

⑥种子:多数,黑色,扁平,长 2.2～2.8mm,宽 1.9～2.4mm,表面具网状凹。

生物学特性:花果期 10 月。

生境特性:生于田野、河岸、沟边等。

3.125 阴行草 *Siphonostegia chinensis* Benth.

分类地位：玄参科（Scrophulariaceae）阴行草属（*Siphonostegia* Benth.）

形态学鉴别特征：1 年生草本。全株干时变黑色，被柔毛。

①根：主根不发达或稍稍伸长，木质，径 2mm，有的增粗，径可达 4mm，很快即分为多数粗细不等的侧根而消失，侧根长 3～7cm，纤锥状，常水平开展，须根多数，散生。

②茎：直立，株高 30～60cm，有时可达 80cm，干时变为黑色，密被锈色短毛。茎多单条，中空，基部常有少数宿存膜质鳞片，下部常不分枝，而上部多分枝。枝对生，1～6 对，细长，坚挺，多少以 45°角叉分，稍具棱角，密被无腺短毛。

③叶：对生，全部为茎出，下部者常早枯，上部者茂密，相距很近，仅 1～2cm，无柄或有短柄，柄长可达 1cm。基部下延，扁平，密被短毛。厚纸质，广卵形，长 8～55mm，宽 4～60mm，两面皆密被短毛，中肋在上面微凹入，背面明显凸出，缘作疏远的二回羽状全裂，裂片仅 3 对，仅下方两枚羽状开裂，小裂片 1～3 枚，外侧者较长，内侧裂片较短或无，线形或线状披针形，宽 1～2mm，锐尖头，全缘。

④花：花对生于茎枝上部，或有时假对生，构成稀疏的总状花序。苞片叶状，较萼短，羽状深裂或全裂，密被短毛。花梗短，长 1～2mm，纤细，密被短毛，有 1 对小苞片，线形，长 10mm。花萼管部很长，顶端稍缩紧，长 10～15mm，厚膜质，密被短毛，10 条主脉质地厚而粗壮，显著凸出，使处于其间的膜质部分凹下成沟，无网纹，齿 5 枚，绿色，质地较厚，密被短毛，长为萼管的 1/4～1/3，线状披针形或卵状长圆形，近于相等，全缘，或偶有 1～2 锯齿。花冠上唇红紫色，下唇黄色，长 22～25mm，外面密被长纤毛，内面被短毛，花管伸直，纤细，长 12～14mm，顶端略膨大，稍伸出于萼管外，上唇镰状弓曲，顶端截形，额稍圆，前方突然向下前方作斜截形，有时略作啮痕状，其上角有一对短齿，背部密被特长的纤毛，毛长 1～2mm。下唇与上唇等长或稍长，顶端 3 裂，裂片卵形，端均具小凸尖，中裂与侧裂等见而较短，向前凸出，褶襞的前部高凸并作袋状伸长，向前伸出与侧裂等长，向后方渐低而终止于管喉，不被长纤毛，沿褶缝边缘质地较薄，并有啮痕状齿。雄蕊二强，着生于花管的中上部，前方 1 对花丝较短，着生的部位较高，2 对花栋下部被短纤毛，花药 2 室，长椭圆形，背着，纵裂，开裂后常成新月形弯曲。子房长卵形，长 4mm，柱头头状，常伸出于盔外。

⑤果实：蒴果被包于宿存的萼内，与萼管等长，披针状长圆形，长 15mm，直径 2.5mm，顶端稍偏斜，有短尖头，黑褐色，稍具光泽，并有 10 条不十分明显的纵沟。

⑥种子：多数，黑色，长卵圆形，长 0.8mm，具微高的纵横凸起，横的 8～12 条，纵的 8 条，将种皮隔成许多横长的网眼，纵凸中有 5 条凸起较高成窄翅，一面有 1 条龙骨状宽厚而肉质半透明之翅，其顶端稍外卷。

生物学特性：花期 6～8 月，果期 9～10 月。

生境特性：生于山坡、草地等。

3.126 爵床 *Rostellularia procumbens*（Linn.）Nees

中文异名:小青草、六角英、赤眼老母草、麦穗癀

拉丁文异名:*Justicia procumbens* Linn.；*R. procumbens* f. *albiflora* Z. H. Cheng，syn. Nov.

英文名:creeping rostellularia herb

分类地位:爵床科（Acanthaceae）爵床属（*Rostellularia* Reichb.）

形态学鉴别特征:1年生匍匐或披散草本。

①根:具分枝,细根多。

②茎:基部伏地或直立或斜升,株高10～50cm。绿色,通常具6钝棱及浅槽,沿棱被倒生短毛,节稍膨大。

③叶:对生。卵形或长圆形,长1.5～6cm,宽0.5～3cm,先端急尖或钝,基部楔形,全缘或微波状。上面暗绿色,贴生横列的粗大钟乳体,下面淡绿色,沿脉被疏生短硬毛。柄长5～10mm。

④花:穗状花序顶生或生于上部叶腋,密生多数小花,圆柱状,长1～3cm,径0.5～1.2cm。苞片1片,小苞片2片,均为披针形,长4～6mm,有缘毛。花萼4深裂,裂片线状披针形或线形,具白色膜质边缘,外面密被粗硬毛。花冠二唇形,淡红色或紫红色,稀白色,长7mm。花冠筒短于冠檐。雄蕊2枚,伸出花冠外,基部有毛。花药2室,其中下方1室不发育,无花粉,有尾状附属物。子房卵形,2室,被毛。花柱丝状。

⑤果实:蒴果线形,长6mm,先端短尖,基部渐狭,全体呈压扁状,淡棕色。上部具4粒种子,下部实心似柄,上部被疏柔毛。

⑥种子:卵圆形,两侧压扁,径1mm,黑褐色,种皮有瘤状皱纹。

生物学特性:花期6～9月,果期9～11月。

生境特性：生于旷野草地、林下、路旁、水沟边、湿地等。

3.127 车前 *Plantago asiatica* Linn.

中文异名：车轮菜、车前子、车轱辘菜、虾蟆草

拉丁文异名：*P. major* Linn.；*P. depressa* Willd.

英文名：Asiatic plantain

分类地位：车前科（Plantaginaceae）车前属（*Plantago* Linn.）

形态学鉴别特征：多年生草本。

①根：根茎短而肥厚，须根多数，簇生。

②茎：株高 20～60cm。

③叶：基生，外展，卵形或宽卵形，长 4～12cm，宽 4～9cm，先端圆钝，基部楔形，边缘近全缘或有波状浅齿，两面无毛或有短柔毛，具弧形脉 5～7 条。柄长 5～10cm，基部扩大成鞘。

④花：穗状花序细圆柱形，多数小花密集着生或不紧密，长 20～30cm。小花花梗极短或无。花序梗直立，高达 20～50cm。苞片宽三角形，比萼片短。萼片革质。苞片和萼片均有绿色的龙骨状突起。花冠合瓣，4 浅裂，白色或浅绿色，裂片三角状长圆形，长 1mm。雄蕊 4 枚，着生于花筒内，与花冠裂片互生，花药丁字形。

⑤果实：蒴果卵形或纺锤形，果皮膜质，熟时近中部周裂，基部有不脱落的花萼，内有种子 4～8 粒。

⑥种子：卵形或椭圆状多角形，先端钝圆，基部截形，背面隆起，腹面平，中部具椭圆形种脐，长 1.2～1.7mm，宽 0.5～1.0mm，深棕褐色至黑色，表面具皱纹状小突起，无光泽。

生物学特性：春季出苗，花果期 4～9 月。

生境特性：生于路边、草丛、荒野、湿地、宅旁等。

3.128 鸡屎藤 *Paederia scandens*（Lour.）Merr.

中文异名：鸡矢藤、清风藤、臭屎藤

英文名：Chinese fevervine herb

分类地位：茜草科（Rubiaceae）鸡矢藤属（*Paederia* Linn.）

形态学鉴别特征：多年生草质缠绕藤本。揉碎有臭味。

①根：具分枝，细长。

②茎：扁圆柱形，稍扭曲，质韧，长3～5m，灰褐色，幼时被柔毛，后渐脱落变无毛，有纵纹及叶柄脱落断痕。

③叶：纸质，对生。形状和大小变异很大，通常卵形、长卵形至卵状披针形，长5～16cm，宽3～10cm，先端急尖至短渐尖，基部心形至圆形，稀截平，全缘，绿褐色，两面无柔毛或近无毛。侧脉4～6对，叶脉隆起。柄长1.5～7cm，无毛或被柔毛。托叶在叶柄内侧，三角形状，幼时被缘毛。

④花：聚伞花序呈圆锥状，腋生或顶生。萼筒陀螺形，长1～2mm，萼檐5裂，裂片三角形，长0.5mm。花冠钟状，长1cm，浅紫色，外被灰白色细茸毛，内被茸毛，顶端5裂，裂片长1～2mm。雄蕊5枚，花丝与花冠筒贴合。花柱2个，基部连合。

⑤果实：球形，熟时蜡黄色，平滑，具光泽，径5～7mm，顶端具宿存的萼檐和花盘。

⑥种子：长卵形，长1～2mm，稍扁，黑褐色。

生物学特性：花期秋季7～8月，果期9～11月。

生境特性：生于溪边、河边、路边、林旁及灌木林中，常攀缘于其他植物或岩石上。

3.129　白花蛇舌草 *Hedyotis diffusa* **Willd.**

中文异名：二叶葎、蛇舌草、羊须草、鹤舌草

拉丁文异名：*H. diffusa* Willd. var. *longipes* Nakai

英文名：spreading hedyotis herb

分类地位：茜草科（Rubiaceae）耳草属（*Hedyotis* Linn.）

形态学鉴别特征：1 年生纤弱披散草本。

①根：具分枝。

②茎：从基部发出多分枝，株高 15～50cm，略带方形或扁圆柱形，小枝具纵棱，光滑无毛。

③叶：对生，膜质，老时革质。线形至线状披针形，长 1～3.5cm，宽 1～3mm，先端急尖至渐尖，基部长楔形，有时略有柔毛，上面光滑，下面有时稍粗糙。侧脉不明显，中脉在上面凹陷或略平，下面隆起。托叶膜质，基部合生成鞘状，长 1～2mm，先端齿裂，芒尖。无柄。

④花：单生或成对生于叶腋，常具短而粗壮的花梗，长 2～5mm，稀无梗。萼筒球形，长 1mm，萼檐 4 裂，裂片长圆状披针形，长 1.5～2mm，边缘具睫毛。花冠白色，漏斗形，长 3.5～4mm，先端 4 深裂，裂片卵状长圆形，长 2mm，先端钝，秃净。雄蕊 4 枚，着生于冠筒喉部，与花冠裂片互生，花丝扁，花药卵形，背着，突出，2 室，纵裂。子房下位，2 室。柱头半球形，2 浅裂。

⑤果实：蒴果扁球形，径 2～3mm，室背开裂，花萼宿存，熟时室背开裂。

⑥种子：棕黄色，细小，且 3 个棱角。

生物学特性：花期 6～8 月，果期 8～10 月。喜温暖、湿润环境，不耐干旱、怕涝。对土壤要求不严，但在肥沃砂质壤土或腐殖质壤土生长较好。

生境特性：生于潮湿的田边、沟边、路旁、湿地和草地。

3.130 白花败酱 *Patrinia villosa*（Thunb.）Juss.

中文异名:苦益菜、苦叶菜

分类地位:败酱科（Valerianaceae）败酱属（*Patrinia* Juss.）

形态学鉴别特征:多年生草本。

①根:根状茎长,横走,偶在地表匍匐生长。具细分枝,细根稀少。

②茎:直立,上部分枝,株高40~100cm,密被白色倒生粗毛,或仅两侧各有1列倒生短粗伏毛。

③叶:基生叶簇生,卵圆形或近圆形,长4~10cm,宽2~5cm,先端渐尖,基部楔形,下延,边缘有粗齿,不裂或大头状深裂,柄较叶鞘长。茎生叶对生,卵形或长卵形或窄椭圆形,长4~10cm,宽2~5cm,先端渐尖,基部楔形,下延,边缘羽状分裂或不裂,两面疏生粗毛,脉上尤密。柄长1~3cm,茎上部叶近无柄。

④花:聚伞花序多分枝,排成伞房状圆锥聚伞花序,花序分枝及梗上密生或仅2列粗毛。花序分枝基部有总苞片1对,较狭。花萼细小,5齿裂。花冠钟状,白色,径4~6mm,顶端5裂,裂片不等形。雄蕊4枚,伸出。子房能育室边缘及表面有毛。花柱较雄蕊短。

⑤果实:瘦果倒卵形,基部贴生在增大的圆翅状膜质苞片上,苞片近圆形。

⑥种子:卵状圆形,先端尖,长0.5mm。

生物学特性:花期8~10月,果期10~12月。

生境特性:通常生于山地溪沟边、山坡疏林下、林缘、路边、灌丛及草丛等。海拔50~2000m。

3.131 败酱 *Patrinia scabiosaefolia* Fisch. ex Trev.

中文异名:黄花龙芽、黄花败酱

分类地位：败酱科(Valerianaceae)败酱属(*Patrinia* Juss.)

形态学鉴别特征：多年生草本。

①根：根状茎横卧或斜生，节处生多数细根。

②茎：直立，高 30～200cm，黄绿色至黄棕色，有时带淡紫色，下部常被脱落性倒生白色粗毛或几无毛，上部常近无毛或被倒生稍弯糙毛，或疏被 2 列纵向短糙毛。

③叶：基生叶丛生，花时枯落，卵形、椭圆形或椭圆状披针形，长 1.8～10.5cm，宽 1.2～3cm，不分裂或羽状分裂或全裂，顶端钝或尖，基部楔形，边缘具粗锯齿，上面暗绿色，背面淡绿色，两面被糙伏毛或几无毛，具缘毛。柄长 3～12cm。茎生叶对生，宽卵形至披针形，长 5～15cm，常羽状深裂或全裂具 2～5 对侧裂片，顶生裂片卵形、椭圆形或椭圆状披针形，先端渐尖，具粗锯齿，两面密被或疏被白色糙毛，或几无毛，上部叶渐变窄小，无柄。

④花：花序为聚伞花序组成的大型伞房花序，顶生，具 5～7 级分枝。花序梗上方一侧被开展白色粗糙毛。总苞线形，甚小。苞片小。花小，萼齿不明显。花冠钟形，黄色，冠筒长 1.5mm，上部宽 1.5mm，基部一侧囊肿不明显，内具白色长柔毛，花冠裂片卵形，长 1.5mm，宽 1～1.3mm。雄蕊 4 枚，稍超出或几不超出花冠，花丝不等长，近蜜囊的 2 枚长 3.5mm，下部被柔毛，另一 2 枚长 2.7mm，无毛，花药长圆形，长 1mm；子房椭圆状长圆形，长 1.5mm，花柱长 2.5mm，柱头盾状或截头状，径 0.5～0.6mm。

⑤果实：瘦果长圆形，长 3～4mm，具 3 棱，2 不育子室中央稍隆起上粗下细的棒槌状，能育子室略扁平，向两侧延展成窄边状，内含 1 粒种子。

⑥种子：椭圆形，扁平。

生物学特性：花期 7～9 月，果期 9～11 月。

生境特性：生于山坡林下、林缘、路边草丛等。

●3.132 加拿大一枝黄花 *Solidago canadensis* Linn.

中文异名:金棒草、黄莺、麒麟草

英文名:Canada goldenrod

分类地位:菊科(Compositae)一枝黄花属(*Solidago* Linn.)

形态学鉴别特征:多年生草本。外来入侵杂草。与一枝黄花的区别在于头状花序排列呈蝎尾状,瘦果全部具细柔毛。

①根:或具主根系,自根茎向下有许多白色细根。根状茎白色,横走地表面的常带紫红色,具分叉。

②茎:直立,高 0.3～3m,全部或仅上部被短柔毛和糙毛,成株下部茎半木质化。茎上部色泽绿色,中下部紫红色或棕黄色。具明显顶端优势,切除顶端形成分枝。一般在顶端进入花芽分化阶段出现小分枝,均可形成花芽。

③叶:互生,披针形或线状披针形,长 5～12cm,宽 1～2.5cm,深绿色,先端渐尖或钝,基部楔形,边缘具小锐齿。上面粗糙,背面相对光滑。中下部叶片常随植株生长而脱落,留下脱落痕迹。离基 3 出脉。无柄或下部叶具短柄。

④花:大型圆锥花序。头状花序小,单面着生,排列蝎尾状圆锥花序,长 4～6mm。总苞狭钟形,长 3～5mm。总苞片线状披针形,长 3～4mm,微黄色。缘花舌状,雌性,长 3～4mm,10～17 朵。中央管状花,两性,长 2.5～3mm。

⑤果实:瘦果具白色冠毛。每成株具 2～3 万粒种子。

⑥种子:极细小,千粒重 0.07g。

生物学特性:地下根茎是无性繁殖的重要器官,是繁殖的主要方式。在自然条件下能结实,种子遇适宜条件萌发。具明显的顶端优势,再生能力强。一般 3 月开始生长,暖冬可周年生长。9 月进入花芽分化阶段,10 月开花,进入冬季枯萎,但根茎和地上茎杆仍具活性。

生境特性：生于荒地、路旁、河岸、绿化带等。

3.133 普陀狗哇花 *Heteropappus arenarius* **Kitamura**

拉丁文异名：*Aster arenarius*（Kitam.）Nemoto；*Heteropappus hispidus*（Thunb.）Less. sub*aranarius*（Kitam.）Kitam.

分类地位：菊科（Compositae）狗哇花属（*Heteropappus* Less.）

形态学鉴别特征：2年或多年生草本。

①根：主根粗壮，木质化。

②茎：茎平卧或斜升，长 15～70cm，自基部分枝，近于无毛。

③叶：基生叶匙形，长 3～6cm，宽 1～1.5cm，顶端圆形或稍尖，基部渐狭成 1.5～3cm 长的柄，全缘或有时疏生粗大牙齿，有缘毛，两面近光滑或疏生长柔毛，质厚。下部茎生叶在花期枯萎。中部及上部叶匙形或匙状矩圆形，长 1～2.5cm，宽 0.2～0.6cm，顶端圆形或稍尖，基部渐狭，有缘毛，两面无毛或有时在中脉上疏生伏毛，质厚。

④花：头状花序单生枝端，径 2.5～3cm，基部稍膨大，有苞片状小叶。总苞半球形，直径 1.2～1.5cm。总苞片 2 层，狭披针形，长 7～8mm，宽 1～1.5mm，顶端渐尖，有缘毛，绿色。舌状花 1 层，雌性，管部长 1.5mm。舌片条状矩圆形，淡蓝色或淡白色，长 1.2cm，宽 2.5mm。管状花两性，黄色，长 4mm，基部管长 1.3mm，裂片 5,1 长 4 短，长 1～1.5mm，花柱附属物三角形。

⑤果实：瘦果倒卵形，浅黄褐色，长 3mm，宽 2mm，扁，被绢状柔毛。舌状花冠毛短鳞片状，长 1mm，下部合生，污白色。管状花冠毛刚毛状，多数，长 3～3.5mm，淡褐色。

⑥种子：长 2～2.5mm。

生物学特性：花果期 8～11 月。

生境特性:生于海边沙地、路边草丛。

3.134 狗哇花 *Heteropappus hispidus* (Thunb.) Less.

分类地位:菊科(Compositae)狗哇花属(*Heteropappus* Less.)

形态学鉴别特征:1 或 2 年生草本。与普陀狗哇花的区别在于:茎直立,上部有分枝,基生叶及下部叶在花期枯萎,中部叶片长圆状披针形至线形,头状花序较大,径 3～5cm。

①根:有垂直的纺锤状根。

②茎:单生,或数个丛生,株高 30～50cm,有时达 150cm,被上曲或开展的粗毛,下部常脱毛,有分枝。

③叶:基部及下部叶在花期枯萎,倒卵形,长 4～13cm,宽 0.5～1.5cm,渐狭成长柄,顶端钝或圆形,全缘或有疏齿。中部叶矩圆状披针形或条形,长 3～7cm,宽 0.3～1.5cm,常全缘,上部叶小,条形。全部叶质薄,两面被疏毛或无毛,边缘有疏毛,中脉及侧脉显明。

④花:头状花序径 3～5cm,单生于枝端而排列成伞房状。总苞半球形,长 7～10mm,径 10～20mm。总苞片 2 层,近等长,条状披针形,宽 1mm,草质,或内层菱状披针形而下部及边缘膜质,背面及边缘有多少上曲的粗毛,常有腺点。舌状花 30 余个,管部长 2mm。舌片浅红色或白色,条状矩圆形,长 12～20mm,宽 2.5～4mm。管状花花冠长 5～7mm,管部长 1.5～2mm,裂片长 1 或 1.5mm。

⑤果实:瘦果倒卵形,扁,长 2.5～3mm,宽 1.5mm,有细边肋,被密毛。舌状花冠毛极短,白色,膜片状,或部分带红色,长,糙毛状。管状花冠毛糙毛状,初白色,后带红色,与花冠近等长。

⑥种子:长 2～2.5mm。

生物学特性:花期 7～9 月,果期 8～9 月。

生境特性：生于山坡草地、路旁、沟边、荒野等。

3.135 马兰 *Kalimeris indica*（Linn.）Sch. -Bip.

中文异名：马兰头、红梗菜

英文名：Indian kalimeris herb

分类地位：菊科（Compositae）马兰属（*Kalimeris* Cass.）

形态学鉴别特征：多年生草本。

①根：或具直根，地下有细长根状茎，匍匐平卧，白色有节。

②茎：直立，株高 30～50cm，多少有分枝，被短柔毛。

③叶：互生。基部叶在花期枯萎。茎生叶披针形至倒卵状长圆形，长 3～7cm，宽 1～2.5cm，先端钝或尖，基部渐狭，边缘从中部以上具 2～4 对浅齿或深齿，具长柄。上部叶片渐小，全缘，两面有疏微毛或近无毛，无柄。

④花：头状花序径 2.5cm，单生于枝端或排列成疏伞房状。总苞半球形，径 6～9mm。总苞片 2～3 层，覆瓦状排列，外层倒披针形，内层倒披针状长圆形，先端钝或稍尖，上部草质，边缘膜质，有缘毛。缘花舌状，紫色，1 层。盘花管状，多数。

⑤果实：瘦果冠毛短，易脱落，不等长。

⑥种子：倒卵状长圆形，极扁，褐色，边缘有厚肋。

生物学特性：花果期 5～10 月。喜冷凉湿润气候，抗寒，耐热，耐涝。

生境特性：生于山坡、林缘、草丛、沟边、溪岸、湿地、路旁等。

●3.136 钻形紫菀 *Aster subulatus* Michx.

中文异名：窄叶紫菀、剪刀菜、燕尾菜

英文名：sactmarsh aster；wild aster；annual saltmarsh aster

分类地位:菊科(Compositae)紫菀属(*Asters* Linn.)

形态学鉴别特征:1年生草本。外来入侵杂草。

①根:主根深,乳白色,有分叉,细根发达。

②茎:直立,株高 25～100cm,无毛而富肉质,上部稍有分枝,基部带紫红色。

③叶:基生叶倒披针形,花后凋落。茎中部叶线状披针形,长 6～10cm,宽 0.5～1cm,先端尖或钝,有时具钻形尖头,全缘,无柄,无毛。上部叶渐狭窄至线形。

④花:头状花序小,排成圆锥状,径 1cm。总苞钟状,总苞片 3～4 层,外层较短,内层较长,线状钻形,无毛,背部绿色,边缘膜质,顶端略带红色。舌状花细狭,淡红色,长与冠毛相等或稍长。盘花管状,多数,短于冠毛。

⑤果实:瘦果略有毛,冠毛淡褐色,长 3～4mm,上被短糙毛。

⑥种子:长圆形或椭圆形,长 1.5～2.5mm,被疏毛,淡褐色,有 5 条纵棱。

生物学特性:花果期 9～11 月。

生境特性:主要分布在河岸、沟边、洼地、荒地、路边等处。

3.137 三脉紫菀 *Aster ageratoides* Turcz.

中文异名:山白兰、三脉叶马兰

英文名:shiro-yomena;aster trinervius

分类地位:菊科(Compositae)紫菀属(*Asters* Linn.)

形态学鉴别特征:多年生草本。

①根:根状茎粗壮。

②茎:直立,高 40～100cm,细或粗壮,有棱及沟,被柔毛或粗毛,基部光滑或有毛,上部有时曲折,有上升或开展的分枝。

③叶:下部叶在花期枯落,宽卵状圆形,急狭成长柄。中部叶椭圆形或长圆状披针形或狭披针形,长 5～15cm,宽 1～5cm,中部以下急狭成楔形具宽翅的柄,顶

端渐尖,边缘有3~7对浅或深锯齿。上部叶渐小,有浅齿或全缘。全部叶纸质,上面被短糙毛,下面被短柔毛或除叶脉外无毛,常有腺点,或两面被短茸毛而下面沿脉有粗毛,有离基(有时长达7cm)3出脉,侧脉3~4对,网脉常显明。

④花:头状花序直径1.5~2cm,排列成伞房状或圆锥伞房状,花序梗长0.5~3cm。总苞倒锥状半球状,径4~10mm,长3~7mm。总苞片3层,覆瓦状排列,线状长圆形,下部近革质或干膜质,上部绿色或紫褐色,外层长达2mm,内层长4mm,有短缘毛。缘花舌状,具花10余朵,舌片线状长圆形,长达11mm,宽2mm,紫色,浅红色或白色。管状花黄色,长4.5~5.5mm,管部长1.5mm,裂片长1~2mm。花柱附片长达1mm。

⑤果实:瘦果冠毛浅红褐色或污白色,长3~4mm。

⑥种子:倒卵状长圆形,灰褐色,长2~2.5mm,有边肋,一面常有肋,被短粗毛。

生物学特性:花果期7~11月。

生境特性:生于林下、林缘、灌丛及山谷湿地。海拔100~1400m。

●3.138 小飞蓬 *Conyza canadensis*(Linn.)Cronq.

中文异名:小白酒草、加拿大蓬、飞蓬、小蓬草

拉丁文异名:*Erigeron canadersis* Linn.

英文名:horseweed;Canadian fleabane

分类地位:菊科(Asteraceae)白酒草属(*Conyza* Less.)

形态学鉴别特征:越年生或1年生草本植物。植株呈黄绿色。外来入侵杂草。

①根:根系乳白色,有明显主根,下部或分枝,具纤维状细根。

②茎:直立,圆柱形,株高80~150cm,具纵条纹,疏被长硬毛,上部分枝。

③叶:基部叶5~12片,花期常枯萎,卵状倒披针形或长椭圆形,长3~7cm,宽

1～3cm,绿色,叶脉及柄常带紫红色,先端圆钝或突尖或渐尖,基部楔形或渐狭成柄,边缘具疏锯齿或全缘,柄长 1.5～4cm。下部叶倒披针形,长 6～10cm,宽 1～2cm,先端急尖或渐尖,基部渐狭成柄,边缘具疏锯齿或全缘。中部和上部叶较小,线状披针形或线形,两面疏被短毛,全缘或具 1～2 个齿,边缘有睫毛,近无柄或无柄。

④花:头状花序多数,单个花序径 3～4mm,总花序排列成顶生多分枝的圆锥状或伞房圆锥状。总苞近圆柱状或半球形。总苞片 2～3 层,淡黄绿色,线状披针形或线形,先端渐尖,外层短,内层长,外面被疏毛,几无毛或有长睫毛。缘花舌状,白色或淡黄色,多数,舌片短,线形,长 2～3mm,顶端具 2 个钝小齿,雌性,结实。盘花管状,黄色,顶端具 4～5 齿裂,两性,结实。

⑤果实:瘦果冠毛污白色。

⑥种子:长圆形或线状披针形,长 1.2～1.5mm,扁平,淡褐色。

生物学特性:花果期 5～10 月,果实 7 月渐次成熟。种子成熟后,即随风飞扬,落地后,作短暂休眠,在 10 月始出苗,除严寒季节外,直至次年 5 月均可出苗,并在每年的 10 月和 4 月出现 2 个出苗高峰。

生境特性:生于旷野、荒地、田边、路边、河谷、沟边、旱耕地、湿地等。

●3.139 野塘蒿 *Conyza bonariensis*（L.）Cronq.

中文异名:香丝草

英文名:flax-leaf fleabane；wavy-leaf fleabane；argentine fleabane

分类地位:菊科（Compositae）白酒草属（*Conyza* Less.）

形态学鉴别特征:1 年生草本或 2 年生草本。全体灰绿色。外来入侵杂草。

①根:主根明显或不明显,有分枝,须根纤维状。

②茎:直立或斜升,株高 40～120cm,全体灰绿色,中部或中部以上常分枝,被

密短柔毛及杂有开展的疏长毛。

③叶:密集,基部叶花期常枯萎,基生叶有柄。下部叶倒披针形或长圆状披针形,长 3～5cm,宽 0.3～1cm,先端急尖或稍钝,基部渐狭成长柄,边缘通常具粗齿或羽状浅裂。中部和上部叶狭披针形或线形,长 3～7cm,宽 0.3～0.5cm,具短叶柄或无叶柄。中部叶具齿,上部叶全缘。

④花:头状花序多数,径 8～10mm,排列成总状或圆锥状。总苞椭圆状卵形,直径 8mm。总苞片 2～3 层,线形,先端尖,外密被白色短糙毛,外层短,内层长,边缘干膜质。缘花细管状,白色,多数,无舌片或顶端具 3～4 个细齿,雌性,结实。盘花管状,淡黄色,顶端具 5 齿裂,两性,结实。

⑤果实:瘦果冠毛绵毛状,1 层,淡红褐色。

⑥种子:线状披针形,长 1～1.5mm,扁压状,黑褐色,被疏短毛。

生物学特性:花果期 5～10 月。

生境特性:生于旷野、林地、路边、田野等。

●3.140　苏门白酒草 *Conyza sumatrensis*（*Retz.*）Walker

英文名:guernsey fleabane；sumatre fleabane

分类地位:菊科(Compositae)白酒草属(*Conyza* Less.)

形态学鉴别特征:1 年生或 2 年生草本。植株灰绿色。与小蓬草的区别为:小蓬草植株和叶片一般较小,茎和叶的毛极短或无毛,而苏门白酒草植株高大,叶密集,叶片粗齿大,茎被上弯短糙毛。与野塘蒿的区别为:野塘蒿叶片灰绿色,林区更常见,而苏门白酒草叶片绿色,圆锥花序大型,平原更常见。外来入侵杂草。

①根:直根系,倒圆锥形,有时分叉,须根纤维状,白色。根茎紫红色。

②茎:直立,粗壮,株高 80～180cm,绿色或下部红紫色,中部或中部以上有分枝,具灰白色上弯短糙毛和开展的疏柔毛。

③叶：密集。基部叶花期凋落。基部叶 8～20 片,卵状倒披针形或长椭圆形,长 4～9cm,宽 1.5～4cm,绿色,先端圆钝或急尖或渐尖,基部楔形或渐狭成柄,边缘具锯齿,柄长 2～5cm。主茎叶片较大,多而密。下部叶倒披针形或披针形,长 6～10cm,宽 1～3cm,先端急尖或渐尖,基部渐狭成柄,边缘上部每边常有 4～8 个粗齿,基部全缘。中部和上部叶渐变细小,狭披针形或近线形,具齿或全缘,两面被密糙短毛,叶背尤密。

④花：头状花序多数,直径 5～8mm,在茎枝顶端排列成大型圆锥花序。总苞卵状圆柱状,长 4mm,径 3～4mm。总苞片 3 层,线状披针形或线形,先端渐尖,外面被糙短毛,外层稍短或短于内层之半。缘花细管状,淡黄色或淡紫色,多层,顶端 2 细裂,无舌片,雌性,结实。盘花管状,淡黄色,6～11 朵,顶端 5 齿裂,两性,结实。

⑤果实：瘦果具冠毛,冠毛初时白色,后变黄褐色。

⑥种子：线状披针形,压扁,被微毛。

生物学特性：花果期 5～10 月。

生境特性：生于山坡草地、旷野、路旁、荒地、河岸、沟边。

3.141 苍耳 *Xanthium sibiricum* Patrin. ex Widder

中文异名：苍子、老苍子、虱麻头、青棘子

英文名：siberian cocklebur

分类地位：菊科（Asteraceae）苍耳属（*Xanthium* Linn.）

形态学鉴别特征：1 年生草本。

①根：粗壮,具分枝。

②茎：直立或斜升,株高 30～70cm,多分枝,被灰白色粗伏毛。

③叶：互生。三角状卵形或心形,长 4～9cm,宽 5～10cm,先端钝或略尖,基部两耳间楔形,稍延入叶柄,全缘或 3～5 不明显浅裂或有齿,基脉 3 出,下面苍白色,

两边均贴生粗糙伏毛。柄长 3～11cm。

④花:头状花序腋生或顶生,单性同株。雄花序球形,密集枝顶径 4～6mm,总苞片长圆状披针形,被短柔毛,花序托柱状,托叶倒披针形,先端尖,雄花多数,管状钟形,顶端 5 裂,花药长圆形。雌性头状花序椭圆形,总苞片 2 层,外层披针形,小,被短柔毛,内层结合成囊状,宽卵形,淡黄绿色,瘦果成熟时变坚硬,连同喙部长 12～15mm,外面有疏生具钩的刺,刺长 1.5～2.5mm,基部微增粗或几不增粗,喙坚硬,锥形,上端呈镰刀状,常不等长,少有结合成 1 个喙。

⑤果实:每苞内有 2 瘦果,聚花果宽卵形或椭圆形。

⑥种子:淡黄色或浅褐色。

生物学特性:4～5 月萌发,7～8 月开花,8～9 月结果。

生境特性:生于山坡、草地、旱地、路旁、旷野、田边、沟旁等。

★● 3.142　豚草 *Ambrosia artemisiifolia* Linn.

中文异名:艾叶破布草、美洲艾、普通豚草

拉丁文异名:*A. elatior* Linn.

英文名:ragweed;bitterweed

分类地位:菊科(Compositae)豚草属(*Ambrosia* Linn.)

形态学鉴别特征:1 年生草本。外来入侵杂草。

①根:根系发达,细根多、深扎。

②茎:直立,株高 20～150cm,上部分枝,有棱,被疏生密糙毛。

③叶:下部叶对生,2～3 回羽状分裂,裂片狭小,长圆形至倒披针形,全缘,中脉明显,上面深绿色,有细短伏毛或近无毛,下面灰绿色,被密短糙毛,具短叶柄。上部叶互生,羽状分裂,无柄。

④花:雄性头状花序半球形或卵形,径2.5～5mm,具短梗,下垂,在枝端密集成总状,总苞宽半球形或碟形,总苞片全部结合,边缘具波状圆齿,稍被糙伏毛,花序托具刚毛状托叶,花冠淡黄色,管状钟形,顶端有5宽裂片,花药卵圆形,基部钝。雌性头状花序无梗,位于雄头状花序下方或在下部叶腋单生,或2～3朵簇生,密集成团伞状,仅1朵雌花,总苞闭合,具结合的总苞片,倒卵形或卵状长圆形,顶端具4～7个细尖齿,结果时残存瘦果上部,花柱分枝,丝状,伸出总苞的嘴部。

⑤果实:瘦果倒卵形,包在总苞内,周围具短喙5～8个,先端有锥状喙。

⑥种子:卵球形,长1～2mm,棕褐色,顶端具尖头。

生物学特性:苗期3～6月,花期7～9月,果期9～11月。

生境特性:生于路旁、旷野、草丛、田间等。

3.143　鳢肠 *Eclipta prostrata* Linn.

中文异名：旱莲草、墨旱莲

英文名：yerbadetajo herb

分类地位：菊科（Compositae）鳢肠属（*Eclipta* Linn.）

形态学鉴别特征：1年生草本。全株干后常变成黑褐色。

①根：具分枝根，细根多。

②茎：直立，株高15～50cm，下部伏卧，自基部和上部分枝，节处生根，绿色或红褐色，疏被糙毛。

③叶：对生，无柄或基部有叶柄。椭圆状披针形或条状披针形，长3～10cm，宽5～15cm，先端渐尖，基部楔形、渐狭，全缘或略有细齿，两面被糙毛。基脉3出。

④花：头状花序1～2个腋生或顶生，卵圆形，具花梗，径5～10mm。总苞球状钟形。总苞片5～6片，2层排列，卵形，先端钝或急尖，绿色，外被糙毛，宿存。缘花舌状，白色，2层，顶端2浅裂或全缘，雌性，结实。盘花管状，淡黄色或白色，顶端4齿裂，两性，结实。

⑤果实：瘦果冠毛退化成2～3个小鳞片。由舌状花发育成的瘦果，具3棱，较狭窄，边缘具白色的肋，表面具小瘤状突起，无毛。由管状花发育的瘦果呈扁4棱状，表面有明显的小瘤状突起，无冠毛。

⑥种子：黑褐色，顶端平截，长约3mm。

生物学特性：长江流域5～6月出苗，7～8月开花结果，8～11月果实渐次成熟。喜湿耐旱，抗盐，耐瘠、耐阴，繁殖力强。

生境特性：生于田埂、沟溪边、湿地、旱地低湿处等。

●3.144　大狼把草 *Bidens frondosa* Linn.

中文异名：接力草、外国脱力草

英文名：bur marigold；bevil's beggarticks；bevil's bootjack；pitchfork weed；

sticktights；tickseed sunflower

分类地位：菊科（Compositae）鬼针草属（*Bidens* Linn.）

形态学鉴别特征：1年生草本。外来入侵杂草。

①根：根系乳白色，主根明显或不明显，有分枝，细根白色，有发达的横走的根。下部茎秆极易生不定根。

②茎：直立，株高40～180cm。略呈4棱形，有明显凹凸痕，中上部多分枝，有时分枝带紫色，无毛。幼时节及节间分别被长短柔毛，后变光滑，或稍有钝刺。

③叶：对生。奇数羽状复叶，偶有少数变态叶。小叶3～5枚，茎中、下部复叶，基部的小叶又常3裂，小叶披针形至长圆状披针形，长3～9.5cm，宽1～3cm，先端渐尖，基部楔形或偏斜，顶端尾尖无锯齿，边缘具粗锯齿，叶背被稀疏的短柔毛。下部叶柄较长，至茎上部渐短，顶生裂片具柄。

④花：头状花序径1.2～2.5cm，单生于茎顶及枝端，茎和枝上的头状花序由腋芽发育而来，一般仅中上部发育成花序。总苞钟状或半球形。外层总苞7～12片，分明显2层，外层3～5片，内层4～7片，膜质，倒披针状线形或长圆状线形，长1～2cm，边缘有纤毛。缘花舌状，常不发育，不明显或无舌状花。盘花管状，两性，顶端5裂，结实。花柱2裂，裂片顶端有三角状着生细硬毛的附器。

⑤果实：瘦果圆球状。

⑥种子：楔形，扁平，长0.5～0.9cm，宽2.1～2.3mm，顶部截平，被糙伏毛。顶端芒刺2个，长3～3.5mm，上有倒刺毛，千粒重3.82g。

生物学特性：花果期7～11月。属湿生性广布杂草，耐贫瘠，适应不同生境。

生境特性：生于林缘、荒地、路旁、沟边、旱耕地、湿地等。

3.145 羽叶鬼针草 *Bidens maximowicziana* Oett.

分类地位：菊科（Compositae）鬼针草属（*Bidens* Linn.）

形态学鉴别特征：1年生草本。

①根：分枝多。

②茎：直立，株高15～70cm，略具4棱或近圆柱形，无毛或上部有稀疏粗短柔毛，基部径2～7mm。

③叶：茎中部叶具柄，柄长1.5～3cm，具极狭的翅，基部边缘有稀疏缘毛，叶片长5～11cm，3出复叶状分裂或羽状分裂，两面无毛，侧生裂片1～3对，疏离，通常条形至条状披针形，先端渐尖，边缘具稀疏内弯的粗锯齿，顶生裂片较大，狭披针形。

④花：头状花序单生茎端及枝端，开花时径1cm，高0.5cm，果时径达1.5～2cm，高7～10mm；外层总苞片叶状，8～10枚，条状披针形，长1.5～3cm，边缘具疏齿及缘毛，内层苞片膜质，披针形，果时长6mm，先端短渐尖，淡褐色，具黄色边缘。托片条形，边缘透明，果时长6mm。舌状花缺，盘花两性，长2.5mm，花冠管细窄，长1mm，冠檐壶状，4齿裂。花药基部2裂，略钝，顶端有椭圆形附器。

⑤果实：瘦果扁，倒卵形至楔形，长3～4.5mm，宽1.5～2mm，边缘浅波状，具瘤状小突起或有时呈啮齿状，具倒刺毛，顶端芒刺2枚，长2.5～3mm，有倒刺毛。

⑥种子：长2.5～3mm。

生物学特性：花果期6～11月。

生境特性：多生在路旁以及河边湿地。

3.146　野菊 *Dendranthema indicum*（Linn.）Des Moul.

中文异名：山菊花

拉丁文异名：*Chrysanthemum indicum* Linn.；*C. nankingense* Hand.-Mazz.

英文名：parthemum；wild chrysanthemum；wild chrysanthemum flower

分类地位：菊科（Compositae）菊属（*Dendranthema*（DC.）Des Moul.）

形态学鉴别特征：多年生草本。

①根：具地下匍匐茎。

②茎：直立，基部常匍匐或斜升，株高 25～100cm，上部分枝，有棱角，被细柔毛。

③叶：互生。基生叶花期脱落。中部茎生叶卵形或长圆状卵形，长 3～9cm，宽 1.5～5cm，羽状深裂，顶裂片大，侧裂片常 2 对，卵形或长圆形，全部裂片边缘浅裂或有锯齿。上部叶渐小。全部叶表面有腺体及疏柔毛，深绿色，背面毛较多，灰绿色，基部渐狭成有翅的叶柄，假托叶有锯齿。

④花：头状花序径 1.5～2.5cm，在枝顶排成伞房状圆锥花序或不规则的伞房花序。总苞半球形。总苞片 4 层，外层卵形或卵状三角形，中层卵形，内层长椭圆形，全部苞片边缘膜质，外层较狭窄，膜质边缘向内逐渐变宽，外层总苞片背面中部有柔毛，外层总苞片稍短于内层。缘花舌状，黄色，雌性，舌片长 5mm。盘花管状，两性。

⑤果实：瘦果全部同型，无冠毛。

⑥种子：倒卵形，稍扁压，无毛，有光泽，黑色，有数条纵细肋。

生物学特性：花果期 9～11 月。

生境特性：生于旷野、山坡草丛、灌丛、河边水湿地、滨海盐渍地、田边及路旁。

3.147　黄花蒿 *Artemisia annua* Linn.

中文异名：臭蒿、黄香蒿、黄蒿

英文名：sweet wormwood；sweet annie；sweet sagewort；annual wormwood

分类地位：菊科（Compositae）蒿属（*Artemisia* Linn.）

形态学鉴别特征：1 年生或 2 年生草本植物。

①根：主根纺锤状，侧根发达，多而密集。

②茎：直立，株高 40～150cm，有纵条，上部多分枝，无毛，全株有香味。

③叶：淡黄绿色。基部和下部叶有柄，在花期枯萎。中部叶卵形，长 4～5cm，宽 2～4cm，2～3 回羽状深裂，叶轴两侧具狭翅，裂片及小裂片长圆形或卵形，先端尖，基部耳状，两面被柔毛，具短柄。上部叶小，常为 1 回羽状细裂，无柄。

④花：头状花序球形，淡黄色，径 2mm，由多数头状花序排成圆锥状。总苞半球形，径 1.5mm，无毛。总苞片 2～3 层，最外层狭椭圆形，绿色，革质，有狭膜质边缘，内层总苞片较宽，膜质，边缘叶宽。花管状，黄色，均结实。缘花 4～8 朵，雌性。盘花多数，两性。

⑤果实：瘦果冠无毛。

⑥种子：长圆形，长 0.7mm，宽 0.2mm，红褐色。

生物学特性：以幼苗或种子越冬。春秋出苗，以秋季出苗数量最多。花期 8～10 月，种子于 9 月渐次成熟。

生境特性：生于山坡、林缘、荒地、路边、田边。

3.148　艾蒿 *Artemisia argyi* Levl. et Vant.

中文异名：香艾、蕲艾、青、灸草、白艾、大艾

英文名：argy wormwood

分类地位：菊科（Compositae）蒿属（*Artemisia* Linn.）

形态学鉴别特征：1 年生或多年生草本植物。

①根：根茎匍匐，粗壮，须根纤维状。

②茎：直立，株高 60～150cm，被白色细软毛，上部多分枝。

③叶：厚纸质，上面被灰白色短柔毛，并有白色腺点与小凹点，背面密被灰白色蛛丝状密茸毛。基生叶灰绿色，具长柄，花期枯萎。茎下部叶近圆形或宽卵形，羽

状深裂,每侧具裂片 2～3 片,裂片椭圆形或倒卵状长椭圆形,每裂片有 2～3 个小裂齿,干后背面主、侧脉多为深褐色或锈色,柄长 0.5～0.8cm。中部叶卵形、三角状卵形或近菱形,长 5～8cm,宽 4～7cm,1～2 回羽状深裂至半裂,每侧裂片 2～3片,裂片卵形、卵状披针形或披针形,长 2.5～5cm,宽 1.5～2cm,每侧有 1～2 枚缺齿,叶基部宽楔形渐狭成短柄,叶脉明显,在背面凸起,干时锈色,柄长 0.2～0.5cm,基部通常无假托叶或极小的假托叶。上部叶与苞片叶羽状半裂、浅裂或 3 深裂或 3浅裂,或不分裂,而为椭圆形、长椭圆状披针形、披针形或线状披针形。顶端花序下的叶常全缘,披针形,近无柄。

④花:头状花序椭圆形,径 2.5～3mm,无梗或近无梗,在分枝上排成小型的穗状花序或复穗状花序,并在茎上通常再组成狭窄、尖塔形的圆锥花序。花后头状花序下倾。总苞卵形,径 2mm。总苞片 4～5 层,被白色茸毛,覆瓦状排列,外层总苞片小,草质,卵形或狭卵形,背面密被灰白色蛛丝状绵毛,边缘膜质,中层总苞片较外层长,长卵形,背面被蛛丝状绵毛,内层总苞片质薄,背面近无毛。花序托小。花管状,带紫色,均结实。缘花雌性,6～10 朵,花冠狭管状,檐部具 2 裂齿,紫色,花柱细长,伸出花冠外甚长,先端 2 叉。盘花两性,8～12 朵,花冠管状或高脚杯状,外面有腺点,檐部紫色,花药狭线形,先端附属物尖,长三角形,基部有不明显的小尖头,花柱与花冠近等长或略长于花冠,先端 2 叉,花后向外弯曲,叉端截形,并有睫毛。

⑤果实:瘦果长卵形或长圆形,无冠毛。

⑥种子:长 1mm,褐色。

生物学特性:花果期 8～11 月。

生境特性:生于低海拔至中海拔地区的荒地、路旁、河边及山坡地,也见于森林草原及草原地区,局部地区为植物群落的优势种。向阳而排水顺畅的地方都生长,但以湿润肥沃的土壤生长较好。

3.149 刺儿菜 *Cirsium setosum*（Willd.）MB.

中文异名:小蓟

拉丁文异名:*Cephalanoplos segetum*（MB.）Kitamura；*Cepholonoplos segetum*（Bunge）Kitamura

英文名:little thistle

分类地位:菊科（Compositae）蓟属（*Cirsium* Adans.）

形态学鉴别特征:多年生草本。

①根:具长匍匐根,先垂直向下生长,以后横长。

②茎:直立,株高 20～40cm,无毛或被蛛丝状毛,上部有分枝,花序分枝无毛或有薄茸毛。

③叶：互生，无柄，缘具刺状齿。基生叶早落，与茎生叶同形。茎生叶椭圆、长椭圆形或椭圆状披针形，长 7～10cm，宽 1.5～2.5cm，先端钝或圆，基部楔形，近全缘或具疏锯齿，两面绿色，被白色蛛丝状毛。

④花：头状花序直立，雌雄异株。雄花序较小，总苞长 18mm。雌花序总苞长 25mm，单生茎端或在枝端排成伞房状。总苞卵形、长卵形或卵圆形，径 1.5～2cm。总苞片 6 层，覆瓦状排列，向内层渐长，外层的甚短，长椭圆状披针形，中层以内的披针形，先端长尖，有刺。花管状，紫红色或白色，雄花花冠长 1.8cm，雌花花冠长 2.4cm。

⑤果实：瘦果冠毛羽状，污白色，通常长于花冠，整体脱落。

⑥种子：椭圆形或长卵形，略扁，表面浅黄色至褐色，有波状横皱纹，每面具 1 条明显的纵脊。

生物学特性：花果期 5～9 月。

生境特性：生于山坡、河旁、荒地或田间，为常见杂草之一。

3.150　鼠麯草 *Gnaphalium affine* D. Don

中文异名：佛耳草、鼠耳草、清明菜

英文名：Jersey cudweed

分类地位：菊科（Compositae）鼠麯草属（*Gnaphalium* Linn.）

形态学鉴别特征：1 年生或越年生草本。

①根：须状根。

②茎：直立或斜升，株高 10～50cm，通常自基部分枝，丛生状，全株密被白色绵毛。

③叶：互生。基部叶花后凋落。下部和中部叶匙形倒卵状披针形或倒卵状匙形，长 2～6cm，宽 3～10mm，先端钝圆或锐尖，基部渐狭下延，全缘，两面被有白色绵毛，上面较薄，脉 1 条，无柄。

④花:头状花序多数,径 2～3mm,近无梗,在枝顶密集呈伞房状。总苞钟形,径 2～3mm。总苞片 2～3 层,金黄色或柠檬黄色,膜质,有光泽,外层的倒卵形或匙状倒卵形,外面基部被绵毛,先端圆,基部渐狭,内层的长匙形,外面通常无毛,先端钝。花序托中央稍凹入,无托毛。缘花细管状,多数,顶端 3 齿裂,雌性,结实。盘花管状,较少,顶端 5 浅裂,裂片三角状渐尖,无毛,两性,结实。

⑤果实:瘦果冠毛粗糙,污白色,基部连合,易脱落。

⑥种子:矩圆形,长 0.5mm,有乳头状突起。

生物学特性:花果期 4～5 月。适应的生态幅宽。年均温度 11～25℃,年降水量 600～1700mm,土壤从沙土到黏土、从酸性土到调碱性土,均能良好地生长。

生境特性:生于湿润的丘陵和山坡草地、河湖滩地、溪沟岸边、路旁、田埂、林绿、疏林下、无积水的水田中。

3.151 苣荬菜 *Sonchus arvensis* Linn.

中文异名:匍茎苦菜、野苦荬

拉丁文异名:*S. brachyotus* DC.

英文名:corn sow thistle; dindle; field sow thistle; swine thistle; tree sow thistle; field sowthistle; field milk thistle

分类地位:菊科(Compositae)苦苣菜属(*Sonchus* Linn.)

形态学鉴别特征:多年生草本。全株有乳汁。

①根:根状茎匍匐,圆柱形,下部渐细,长 3～10cm,表面淡黄棕色,质脆,易碎。细根多。

②茎:直立,株高 40～120cm,圆柱形,具总沟纹,不分枝或中上部分枝。无毛。

③叶:互生。基生叶 4～8 片,稍厚,莲座状着生,长圆状倒披针形,长 8～20cm,宽 2～5cm,先端圆钝或渐尖,基部渐狭,叶柄具狭翅。中部叶边缘具稀疏缺

刻或浅羽裂,裂片三角形,边缘有不规则波状或刺状尖齿,基部呈圆形耳状抱茎。顶部叶小,线形,上面绿色,下面略呈灰白色。基生叶具短柄,茎生叶无柄。

④花:头状花序顶生,花序梗长 10～20cm,伞房状排列,径 2～5cm。总苞钟形,径 1～1.8cm。总苞片 3～4 层,外层短小,卵圆形,内层狭长,披针形,被腺毛或基部被白色茸毛,先端钝。全为舌状花,黄色,被长柔毛,顶端平截,具 5 齿,两性,结实。

⑤果实:瘦果长椭圆形,稍扁,具 3～4 条纵肋,微粗糙,淡褐色,冠毛细软,白色。

⑥种子:长圆形,长 2～3mm,黑褐色。

生物学特性:花果期 8～11 月。

生境特性:生于山坡、路边、田野、草地、湿地等。

●3.152 续断菊 *Sonchus asper*（Linn.）Hill.

中文异名:石白头、花叶滇苦菜

英文名:prickly sowthistle; sharp-fringed sow thistle; spiny sow thistle; spiny-leaved sow thistle

分类地位:菊科（Compositae）苦苣菜属（*Sonchus* Linn.）

形态学鉴别特征:1 年生或 2 年生草本。外来入侵杂草。

①根:圆锥状或纺锤状,褐色,具多数须根。

②茎:直立,株高 30～100cm,分枝或不分枝,中空,下部无毛,中上部及顶端被稀疏腺毛。

③叶:下部叶长椭圆形或倒卵形,长 5～13cm,宽 1～5cm,先端渐尖,基部下延,具翅柄,边缘不规则羽状分裂或具密而不等长的刺状齿。中上部叶无柄,卵状狭长椭圆形,长 3～6cm,宽 1～3cm,缺刻状半裂或羽状分裂,裂片边缘密生长刺状

尖齿,刺较长而硬,基部有扩大的圆耳,抱茎。

④花:头状花序具花3~7朵,在茎顶端密集排列呈伞房状,总花梗长3~8cm。花径1~2cm,花梗长2~5cm,总花序梗或花序常有腺毛或初期有蛛丝状毛。总苞钟形或圆筒形,直径8~11mm,长1.2~1.5cm。总苞片2~3层,草质,绿色或暗绿色,外层的披针形,内层的线状披针形,先端钝,边缘膜质。全为舌状花,舌片长0.5cm,黄色。

⑤果实:瘦果长椭圆状倒卵形,压扁,短宽而光滑,两面具明显3纵肋,无横纹。

⑥种子:长椭圆状,长4~6mm,褐色,冠毛白色。

生物学特性:花果期3~10月。

生境特性:主要分布在山坡、路旁、荒地、田边、沟旁、房子边。

●3.153 苦苣菜 *Sonchus oleraceus* Linn.

中文异名:苦菜、滇苦菜、田苦卖菜、尖叶苦菜

英文名:common sowthistle; sow thistle; smooth sow thistle; annual sow thistle; hare's colwort; hare's thistle; milky tassel; swinies

分类地位:菊科(Compositae)苦苣菜属(*Sonchus* Linn.)

形态学鉴别特征:1 年生或 2 年生草本。有乳汁。外来入侵杂草。

①根:直根圆锥状,须根多数,纤维状,有分枝。

②茎:直立,高 50～100cm,中空,不分枝或上部分枝,具棱,下部无毛,中上部及顶端被稀疏短柔毛及褐色腺毛。

③叶:互生,柔软无毛。长椭圆形至倒披针形,长 15～20cm,宽 3～8cm,先端渐尖,深羽裂或提琴状羽裂,裂片对称,狭三角形或卵形,边缘有不规则尖齿,顶端裂片大,宽心形、卵形或三角形,侧裂片狭三角形或卵形。基生叶基部下延成翼柄。茎生叶基部常为尖耳廓状抱茎,边缘具不规则锯齿。

④花:头状花序呈伞房状排列,花径 2cm,花梗长 2～6cm,梗常有腺毛或初期有蛛丝状毛。总苞钟形或圆筒形,长 1.2～1.5cm。总苞片 2～3 层,外层披针形,内层线形,先端渐尖,边缘膜质。花全为舌状花,多数,黄色,舌片长 0.5cm。

⑤果实:瘦果倒卵状椭圆形,冠毛白色。

⑥种子:熟后红褐色,每面有 3 纵肋,肋间有粗糙细横纹,有长 6mm 的白色细软冠毛。

生物学特性:花果期 3～11 月。种子萌发生长对生境要求不严。

生境特性:主要分布在山坡、路旁、荒地、田边、沟旁、宅旁。

3.154 山莴苣 *Lactuca indica* Linn.

中文异名:翅果菊

拉丁文异名:*L. squarrosa*(Thunb.)Miq.;*Pterocypsela indica*(Linn.)C. Shih

英文名：Indian lettuce

分类地位：菊科（Compositae）山莴苣属（*Lagedium* Soják）或翅果菊属（*Ptero-cypsela* Shih）

形态学鉴别特征：2年生草本。

①根：肉质，圆锥形，多自顶部分枝，长5～15cm，径0.7～1.7cm，表面灰黄色或灰褐色，具细纵皱纹，质脆，易折断。

②茎：直立，单生，株高80～150cm，上部分枝，光滑。

③叶：互生，多变异。下部叶早落。中部叶无柄，线形或线状披针形，长10～30cm，宽1～3cm，先端渐尖，基部扩大呈戟形半抱茎，全缘或微具波状齿，无毛或下面叶脉上稍有毛，叶脉羽状，上面绿色，下面白绿色，叶缘略带暗紫色。上部叶变小，线状披针形或线形，两面无毛或背面中脉被疏毛。

④花：头状花序在茎顶排列成圆锥花序。花径2cm，具梗。总苞钟状。总苞片3～4层，呈覆瓦状排列，外层卵圆形，内层卵状披针形，先端钝，上缘带紫色，无毛。花全为舌状，淡黄色或白色，舌片长7～10mm。

⑤果实：瘦果椭圆形或宽卵形。

⑥种子：长卵圆形，压扁，深褐色至黑色，每面具1条纵肋，顶端喙粗短，长1mm，喙端有白色冠毛。

生物学特性：种子繁殖。花期7～9月，果期9～11月。

生境特性：常生于山坡、田边、路旁、滨海、荒野。

3.155 多裂翅果菊 *Pterocypsela laciniata*（Houtt.）Shih

拉丁文异名：*Prenanthes laciniata* Houtt.；*Lactuca squarrosia*（Thunb.）Miq. var. *runcinato～pinnatifida* Kom.

分类地位：菊科（Compositae）翅果菊属（*Pterocypsela* Shih）

形态学鉴别特征:2年生草本。

①根:粗厚,分枝成萝卜状。

②茎:直立,粗壮,高 0.6～2m,单生或上部分枝,全部茎枝无毛。

③叶:中下部茎叶全形倒披针形、椭圆形或长椭圆形,规则或不规则 2 回羽状深裂,长达 30cm,宽达 17cm,无柄,基部宽大,顶裂片狭线形,一回侧裂片 5 对或更多,中上部的侧裂片较大,向下的侧裂片渐小,2 回侧裂片线形或三角形,长短不等。全部茎叶或中下部茎叶极少 1 回羽状深裂,全形披针形、倒披针形或长椭圆形,长 14～30cm,宽 4.5～8cm,侧裂片 1～6 对,镰刀形、长椭圆形或披针形,顶裂片线形、披针形、线状长椭圆形或宽线形。向上的茎叶渐小,与中下部茎叶同形,分裂或不裂而为线形。

④花:头状花序在茎枝顶端排成圆锥花序。花径 2cm,具梗。总苞钟状,果期卵球形,长 1.6cm,宽 9mm。总苞片 3～4 层,外层卵形、宽卵形或卵状椭圆形,长 4～9mm,宽 2～3mm,中内层长披针形,长 1.4cm,宽 3mm,全部总苞片顶端急尖或钝,边缘或上部边缘带红紫色。花全为舌状,淡黄色或白色,舌片长 7～10mm,下部密被白毛。

⑤果实:瘦果椭圆形或宽卵形。

⑥种子:压扁,棕黑色,长 5mm,宽 2mm,边缘有宽翅,每面有 1 条纵肋,喙粗短,不明显,冠毛白色。

生物学特性:花果期 7～11 月。

生境特性:生于山坡、田边、路旁草丛、林下、山谷、林缘、灌丛、草地及荒地等。

3.156　台湾翅果菊 *Pterocypsela formosana*（Maxim.）Shih

拉丁文异名:*Lactuca formosana* Maxim.

分类地位:菊科(Compositae)翅果菊属(*Pterocypsela* Shih)

形态学鉴别特征:1年生或2年生草本。

①根:圆锥形。

②茎:直立,株高40～90cm,单生或上部分枝,有毛。

③叶:披针形或长圆状披针形,长7～14cm,宽5～7cm,先端急尖或渐尖,基部耳状抱茎,耳缘具锯齿,边缘羽状分裂,裂片边缘具小齿,顶裂片较大,侧裂片略下弯。两面具毛,中脉被疏长毛。

④花:头状花序径1.5～3cm,具梗,排列呈伞房状。总苞圆筒状,直径5mm。全为舌状花,淡黄色,舌瓣长8mm。

⑤果实:瘦果卵状椭圆形,冠毛白色,刚毛状,近等长。

⑥种子:压扁,棕黑色。

生物学特性:花果期6～11月。

生境特性:生于山坡路旁、草丛、林缘、灌丛及荒地等。

★●3.157 毒莴苣 *Lactuca serriola* L.

中文异名:刺莴苣

英文名:prickly lettuce; milk thistle; compass plant; scarole

分类地位:菊科(Compositae)莴苣属(*Lactuca* Linn.)

形态学鉴别特征:1年生草本。

①根:具直根系,或具分枝。

②茎:直立,株高30～200cm,红色,无毛。含乳胶。

③叶:长圆状披针形,灰绿色,表面具蜡色。边缘具细刺。背面叶脉白色。基部抱茎。

④花:头状花序小,径10～13mm,淡黄色,略带紫色,在茎枝端排列呈伞房状。多数头状花序在茎端组成大型圆锥花序。苞片略带紫色。全为舌状花,15～30

朵,黄色,舌片顶端齿裂。

⑤果实:瘦果倒披针形,长 3～4mm,灰色,被稀疏短糙毛。冠毛白色,长 5～6mm。

⑥种子:长 3～4m。

生物学特性:花期 6～9 月。

生境特性:生于路边草丛、荒野、作物田、果园等。

3.158 香蒲 *Typha orientalis* Presl.

中文异名:东方香蒲

拉丁文异名:*T. latifolia* Linn. var. *orientalis*(Presl) Rohrb.

英文名:typha;cattail

分类地位:香蒲科(Typhaceae)香蒲属(*Typha* Linn.)

形态学鉴别特征:多年生草本。

①根:根状茎粗壮,乳白色。

②茎:地上茎粗壮,向上渐细,株高 1～2m。

③叶:扁平线形或条形,长 40～70cm,宽 0.4～0.9cm,先端渐尖稍钝头,基部扩大成抱茎的鞘,鞘口边缘膜质,直出平行脉多而密。光滑无毛,叶鞘抱茎。

④花:穗状花序圆柱状,雌雄花序紧密连接。雄花序长 3～8cm,花序轴具白色弯曲柔毛,自基部向上具 1～3 枚叶状苞片,花后脱落。雌花序长 5～12cm,果时直径 2cm,基部具 1 枚叶状苞片,花后脱落。雄花通常由 3 枚雄蕊组成,有时 2 枚,或 4 枚雄蕊合生,花药长 3mm,2 室,条形,花粉粒单体,不聚合成 4 合花粉,花丝很短,基部合生成短柄。雌花无小苞片,孕性雌花柱头匙形,外弯,长 0.5～0.8mm,花柱长 1.2～2mm,子房纺锤形至披针形,子房柄细弱,长约 2.5mm,不孕雌花子房长 1.2mm,近于圆锥形,先端呈圆形,不发育柱头宿存,白色丝状毛通常单生,有时

几枚基部合生,稍长于花柱,短于柱头。

⑤果实:小坚果椭圆形至长椭圆形,长 1mm,果皮具长形褐色斑点,表面具 1 纵沟。

⑥种子:褐色,微弯。

生物学特性:花期 6～7 月,果期 8～10 月。

生境特性:生于沟塘浅水处、河边、湖边浅水、湖中静水、沼泽地、沼泽浅水等。

3.159 水烛 *Typha angustifolia* Linn.

中文异名:蒲草、水蜡烛、狭叶香蒲

拉丁文异名:*T. angustata* Bory et Chaub.

英文名:Dysophylla

分类地位:香蒲科(Typhaceae)香蒲属(*Typha* Linn.)

形态学鉴别特征:多年生沼生或水生草本。

①根:匍匐根状茎粗壮。

②茎:圆柱形,株高 1～2.5m。

③叶:直立,线形,长 50～150cm,宽 0.5～1.2cm,顶端渐尖,基部成鞘状抱茎,鞘口两侧有膜质叶耳。

④花:穗状花序长 30～60cm,黄褐色至红褐色。雄花部分与雌花部分分离,中间相隔 2～9cm。雄花部分长 20～30cm,雄花部分长 6～24cm,果时径 1～2cm。雄花有 2～7 枚雄蕊,花药长 2mm。雌花长 3～3.5mm,基部有稍比柱头短的白色长柔毛,果期柔毛达 4～8mm,具与柔毛等长的小苞片,不孕花的子房为倒圆锥形。

⑤果实:小坚果长 1～1.5mm,表面无纵沟,具长毛内和腔室。

⑥种子:纺锤形,具有毛絮。

生物学特性:花期 6～7 月,果期 8～10 月。

生境特性：湖泊浅水处、池塘或河沟旁。

3.160　水鳖 *Hydrocharis dubia* （Bl.）Backer

中文异名：马尿花、茶菜

拉丁文异名：*H. asiatica* Miq.

英文名：frogbit herb

分类地位：水鳖科（Hydrocharitaceae）水鳖属（*Hydrocharis* Linn.）

形态学鉴别特征：多年生水生飘浮草本。

①根：须根丛生，可长达 30cm，有密集的羽状根毛。

②茎：匍匐，节间长 3～15cm，径 4mm，顶端生芽，并可产生越冬芽。

③叶：基生，或在匍匐茎顶端簇生，多漂浮，有时伸出水面。心形或圆形或肾形，长 4.5～5cm，宽 5～5.5cm，先端圆，基部心形，全缘，远轴面有蜂窝状贮气组织，具气孔。叶脉 5 条，稀 7 条，中脉明显，与第 1 对侧生主脉所成夹角呈锐角。柄长 5～22cm。

④花：雄花序腋生，花序梗长 0.5～3.5cm。佛焰苞 2 个，膜质，透明，具红紫色条纹，苞内雄花 5～6 朵，每次仅 1 朵开放。花梗长 5～6.5cm。萼片 3 片，离生，长椭圆形，长 6mm，宽 3mm，常具有红色斑点，尤以先端为多，顶端急尖。花瓣 3 片，黄色，与萼片互生，广倒卵形或圆形，长 1.3cm，宽 1.7cm，先端微凹，基部渐狭，近轴面有乳头状突起。雄蕊 9～12 枚，其中 3～6 枚退化，成 4 轮排列，最内轮 3 枚退化，最外轮 3 枚与花瓣互生，基部与第 3 轮雄蕊联合，第 2 轮雄蕊与最内轮退化雄蕊基部联合，最外轮与第 2 轮雄蕊长 3mm，花药长 1.5mm，第 3 轮雄蕊长 3.5mm，花药较小，花丝近轴面具乳突，基部有毛。花粉圆球形，表面具凸起纹饰。雌佛焰苞小，苞内雌花 1 朵。花梗长 4～8.5cm。花大，径 3cm。萼片 3 片，先端圆，长 11cm，宽 4mm，常具红色斑点。花瓣 3 片，白色，基部黄色，广倒卵形至圆形，较雄

花花瓣大,长 1.5cm,宽 1.8cm,近轴面具乳头状突起。退化雄蕊 6 枚,成对并列,与萼片对生。腺体 3 枚,黄色,肾形,与萼片互生。子房下位,椭圆形,长 3mm,不完全 6 室。花柱 6 枚,2 深裂,长 4mm,密被腺毛。

⑤果实:浆果球形至倒卵形,长 0.8～1cm,径 7mm,具数条沟纹,内有种子多数。

⑥种子:椭圆形,长 1～1.5mm,顶端渐尖,种皮上有许多毛状凸起。

生物学特性:花果期 6～11 月。

生境特性:生于池塘、湖泊、水沟等处。

3.161 鸭跖草 *Commelina communis* Linn.

中文异名:蓝花草、耳环草

英文名:common dayflower;herba commelinae;dayflower herb

分类地位:鸭跖草科(Commelinaceae)鸭趾草属(*Commelina* Linn.)

形态学鉴别特征:1 年生草本。

①根:须状根,匍匐茎节着地生根。

②茎:上部直立或斜升,株高 20～60cm,径 2～3mm,多分枝,茎下部匍匐,节上生根。

③叶:披针形至卵状披针形,长 3～10cm,宽 1～2cm,先端急尖至渐尖,基部宽楔形,两面无毛或上面近边缘处微粗糙,有光泽。基部下延成膜质的鞘,紧密抱茎,散生紫色斑点,鞘口有长睫毛。无柄或几无柄。

④花:聚伞花序单生主茎或分枝顶端。总苞片佛焰苞状,心状卵形,长 1～2cm,折叠,边缘分离,有花数朵,伸出苞外。萼片狭卵形,长 5mm,白色。花瓣卵形,3 片,后方 2 片较大,蓝色,有长爪,长 1～1.5cm,前方 1 片较小,白色,长 5～7mm,无爪。发育雄蕊 2～3 枚,位于前方,退化雄蕊 3～4 枚,位于后方。雌蕊 1

枚。柱头头状。子房2室,每室具胚珠2颗。

⑤果实:蒴果椭圆形,长5～7mm,压扁状,2室,每室2种子,2瓣裂,熟时裂开。

⑥种子:近肾形,长2～3mm,灰褐色,表面有皱纹,具窝点。

生物学特性:春末初夏出苗,适宜发芽温度为15～20℃。花果期6～10月。

生境特性:生于路旁、宅旁、田边、沟边、渠边、园区、庭园、山坡和林缘阴湿处等。

3.162 饭包草 *Commelina bengalensis* Linn.

中文异名:卵叶鸭跖草

英文名:wondering jew

分类地位:鸭跖草科(Commelinaceae)鸭趾草属(*Commelina* Linn.)

形态学鉴别特征:多年生匍匐草本。

①根:或具分枝,须根长。匍匐茎的节上生根。

②茎:上部直立,基部匍匐,长可达40cm,径1～2mm,多分枝,被疏柔毛。

③叶:椭圆状卵形或卵形,长3～5cm,宽2～3cm,顶端钝,稀急尖,基部圆形或渐狭而成阔柄状,具明显叶柄。全缘,边缘具毛,两面被短柔毛或疏生短柔毛或近无毛。叶鞘和叶柄被短柔毛或长睫毛。

④花:聚伞花序单生于主茎或分枝顶端,具数朵花,几不伸出苞片。佛焰苞片扁漏斗状,长1.5cm,宽1.7cm,下部边缘合生,被疏毛,与上部叶对生或1～3个聚生,花梗短或无花梗。萼片膜质,披针形,长2mm,无毛。花瓣宽卵形,后方2片较大,长5～8mm,蓝色,有长爪,前方1片较小,长3～4mm,白色,无爪。雄蕊6枚,能育3枚,位于前方,花丝丝状,无毛,退化雄蕊3枚,位于后方。子房长圆形,3室,具棱,无毛,长1.5mm,其中2室各具胚珠2颗,另1室具胚珠1颗。花柱线形,长

2mm。

⑤果实:蒴果三角状椭圆形,膜质,长4～5mm,3瓣裂,具5颗种子。

⑥种子:近肾形,长2mm,黑色,有窝孔及皱纹。

生物学特性:花期7～9月,果期10～11月。喜高温多湿,湿润而肥沃土壤。

生境特性:生于田边、沟边、湿地或林下潮湿处。

3.163　鸭舌草 *Monochoria vaginalis*（Burm. f.）Presl ex Kunth

拉丁文异名:*M. vaginalis*（Burm. f.）Presl ex Kunth var. *pauciflora*（Bl.）Merr.

英文名:sheathed monochoria；heartleaf false pickerelweed；oval-leafed pondweed

分类地位:雨久花科(Pontederiaceae)雨久花属(*Monochoria* presl)

形态学鉴别特征:1年生沼生或水生草本。

①根:根状茎短,生有须根。

②茎:直立或斜升,株高10～30cm,全株光滑无毛。

③叶:纸质,上表面光亮,形状和大小多变,有条形、披针形、矩圆状卵形、卵形至宽卵形,长2～7cm,宽0.5～6cm,顶端渐尖,基部圆形、截形或浅心形,全缘,具弧状脉,两面无毛。柄长可达20cm,基部成长鞘。

④花:总状花序生于枝上端叶腋,整个花序不超出叶高度,有花2～10朵,花后下垂。花梗长3～15mm。花被片6片,披针形或卵形,长1cm,蓝色并略带红色。雄蕊6枚,其中1枚较大,花药长圆形,花丝丝状。子房上位,3室,有多数胚珠。

⑤果实:蒴果卵形,长1cm,顶端有宿存花柱。

⑥种子:长圆形,长1mm,灰褐色,表面具纵沟。

生物学特性:苗期5～6月,花期6～9月,果期7～10月。喜水、喜肥、耐阴。

生境特性:生于水田、水沟及池沼中。

3.164 水葫芦 *Eichhornia crassipes* (Mart.) Solms

中文异名:凤眼莲

英文名:water hyacinth

分类地位:雨久花科(Pontederiaceae)凤眼莲属(*Eichhornia* Kunth)

形态学鉴别特征:多年生水生漂浮草本植物。外来入侵杂草。

①根:根状茎粗短,密生多数细长须根,须根发达,白色,悬垂水中,在一些污水或富营养化水域,根系常呈褐黑色,并吸附大量水体悬浮物。具长匍匐枝,与母株分离后长成新植株。

②茎:株高 30~50cm。

③叶:基生,丛生成莲座状。直伸,倒卵状圆形或卵圆形,长宽近相等,3~15cm,先端圆钝,基部浅心形、截形、圆形或宽楔形,通常叶色鲜绿,具光泽,质厚,全缘无毛,具弧形脉。柄长 4~20cm,基部具鞘,略带紫红色,中下部膨大为海绵质气囊,似葫芦状,故称"水葫芦"。

④花:花茎单生,长过于叶,中部具鞘状苞片。花多朵排成穗状花序。花被蓝紫色,长 4.5~6cm,管长 1.2~1.8cm,径 3cm,6 片,外有腺毛,裂片卵形、长圆形或到卵形,上方裂片较大,正中有深蓝色块斑,斑中又具鲜黄色眼点,似孔雀羽毛,因此,又称"凤眼莲"。互生。雄蕊 6 个,3 长 3 短,雄蕊长的伸出花瓣外,花丝不规则结合于花瓣内。雌蕊 1 枚。子房卵圆形。花柱细长,上部有毛。

⑤果实:蒴果卵圆形。花朵在花后弯入水中,子房大多在体内发育膨大,花后1 个月种子成熟。每花序可结出 300 多粒种子。

⑥种子:卵形,有棱。

生物学特性:海绵质气囊内具多数气室,使植株漂浮水面。一般 4~5 月开始繁衍,7~9月是快速的繁衍时期。以无性繁殖为主,依靠匍匐枝与母株分离方式,在条件适宜时植物数量可在5天内增加1倍。也能开花结实产生种子,进行有性繁殖。

  生境特性:分布池塘、湖泊、水库、河道、水沟、低洼的渍水田和沼泽地等。喜浅水、静水,湖泊、水流平缓的河流和沼泽往往由于管理不善,常造成大面积蔓延。

第4部分　老塘山港区1km范围秋季杂草的群落结构特征

4.1　研究方法

4.1.1　杂草取样

共选取了 27 个杂草采样点,其中,省储备库厂区内选取了 9 个采样点,外围选取了 4 个采样点;中海粮油厂区内选取了 9 个采样点,外围选取了 5 个采样点。每个采样点重复 3 次取样。样方面积 0.5m×0.5m。

4.1.2　杂草生物学特性测定

(1)样方内杂草种类。实地取样时,记录样方内所有杂草。

(2)样方内每种杂草的茎数。实地统计样方内每种杂草的茎数。

(3)样方内每种杂草的株高。测定每种杂草的株高,对 1 个茎数以上的杂草,测定所有茎数的株高,取平均值为植物高。

(4)样方内每种杂草的生物量。测定每种杂草的鲜重、干重。鲜重实地测定。干重采用 105℃杀青 2h,再采用 80℃烘至恒重。

4.1.3　杂草群落结构特征分析统计软件

将杂草茎数数据制作分析统计数据格式,应用 DPS 生物统计软件分析杂草群落结构特征。

4.2　研究结果

4.2.1　各取样点杂草种类及总茎数

27 个采样点,重复 3 次,共计 81 个采样样方,采集到 56 种杂草,其中 15 种(包括 2 种检疫性杂草)为外来入侵杂草或外来种,2 种为检疫性杂草。外来杂草(包括 2 种检疫性杂草)占采集到的杂草总数的 26.79%。检疫性杂草占采集到的杂草总数的 3.57%。从总茎数看,本地杂草升马唐、狗尾草和艾蒿依然是调查区块的主要优势种,旱地的重要杂草狗牙根、铁苋菜等也有一定的优势度。斑地锦、加拿大一枝黄花是调查区块最重要的外来入侵种。斑地锦耐旱性强,又耐阴,易在荒地、弃耕地、路边草丛形成优势种群。加拿大一枝黄花植株高大,竞争力强,是调查区块的重要外来入侵杂草(表 2)。

检疫性杂草毒莴苣总茎数位居 11 位,优势度明显,在调查区块已归化,局部采样点种群数量多。假高粱仅在中海粮油厂区内和外围有分布,而其他区块无分布,表现出一定局限性。

表 2　所有采样点杂草种类和总茎数

序号	种类	总茎数
1	升马唐	652
2	狗尾草	473
3	艾蒿	271
4	●斑地锦	245
5	狗牙根	129
6	●加拿大一枝黄花	114
7	铁苋菜	100
8	葎草	87
9	酢浆草	59
10	饭包草	54
11	★●毒莴苣	50
12	●空心莲子草	49
13	光头稗	42
14	无芒稗	32
15	截叶铁扫帚	31
16	乌蔹莓	31
17	●钻形紫菀	25
18	鸭跖草	24
19	芦苇	23
20	葛藤	19
21	虮子草	19
22	双穗雀稗	19
23	马齿苋	18
24	鸡眼草	17
25	牛筋草	17
26	●圆叶牵牛	16
27	金色狗尾草	15
28	长芒稗	15
29	翅果菊	13

（续表）

序号	种类	总茎数
30	●田菁	13
31	鳢肠	11
32	旱稗	10
33	●小飞蓬	10
34	●野胡萝卜	10
35	●草木樨	9
36	小藜	9
37	白茅	8
38	萹蓄	8
39	黄珠子草	6
40	●裂叶牵牛	6
41	龙葵	6
42	●美女樱	6
43	山莴苣	5
44	白背黄花稔	3
45	绵毛酸模叶蓼	3
46	大狗尾草	2
47	黄花蒿	2
48	灰绿藜	2
49	鸡屎藤	2
50	★●假高粱	2
51	普陀狗哇花	2
52	石荠苧	2
53	水莎草	2
54	地锦	1
55	●苦苣菜	1
56	●白花牵牛	1

注：●为外来入侵杂草或外来杂草；★为检疫性杂草。

4.2.2 调查的27个采样点杂草种类、茎数、株高、生物量及优势度分析

（1）浙江省储备粮库舟山库厂区9个采样点杂草种类、茎数、株高及生物量

厂区采用"W"型9点法取样，样方面积0.5m×0.5m，重复3次。9个取样点出现频度最高的杂草为升马唐，狗尾草、艾蒿、斑地锦也有较高的频度（表3）。除田菁、钻形紫菀等植株高度相对较高外，其他调查获得的杂草相对高度较小。表明了调查区块受到较多的人工干扰，一些杂草或采取一定措施进行了治理。

表3　浙江省储备粮库舟山库厂区 9 个采样点杂草种类、茎数、株高、鲜重和干重

采样点	重复	杂草种类	杂草株数（茎数）	株高（cm）	鲜重（kg）	干重（g）
1	I	艾蒿	6	34	0.059	17.66
		草木樨	9	17	0.040	13.5
		升马唐	7	44	0.135	50.70
	II	毒莴苣	16	51	0.058	22.92
		地锦	1	13	0.001	0.52
		酢浆草	1	11	0.001	0.28
		升马唐	37	44	0.085	32.15
		狗尾草	8	40	0.005	3.51
	III	斑地锦	18	22	0.022	7.85
		酢浆草	8	10	0.005	0.75
		小飞蓬	20	36	0.015	2.67
		升马唐	24	31	0.026	6.75
2	I	黄珠子草	6	27	0.007	1.79
		狗尾草	36	43	0.036	12.54
		美女樱	1	31	0.007	2.06
		升马唐	21	36	0.025	9.58
		毒莴苣	7	48	0.023	6.10
	II	狗尾草	12	33	0.015	3.24
		斑地锦	18	34	0.028	6.40
		升马唐	53	35	0.056	15.40
		旱稗	2	13	0.001	0.26
		酢浆草	1	6	0.001	0.17
	III	斑地锦	2	6	0.001	0.40
		狗尾草	23	25	0.013	4.23
		升马唐	16	25	0.021	5.05
3	I	斑地锦	2	12	0.005	0.40
		酢浆草	21	21	0.026	7.19
		升马唐	36	43	0.041	12.88
	II	小飞蓬	1	37	0.012	2.69
		钻形紫菀	2	26	0.015	3.52
		酢浆草	3	11	0.012	5.52
		升马唐	11	24	0.006	1.39
	III	酢浆草	4	12	0.001	0.47
		萹蓄	8	60	0.023	7.44
		升马唐	15	10	0.008	2.27

(续表)

采样点	重复	杂草种类	杂草株数（茎数）	株高（cm）	鲜重（kg）	干重（g）
4	Ⅰ	艾蒿	3	43	0.009	2.20
		升马唐	29	23	0.033	11.58
	Ⅱ	钻形紫菀	1	44	0.014	4.20
		翅果菊	1	37	0.023	5.90
		升马唐	28	24	0.011	3.95
	Ⅲ	毒莴苣	1	47	0.015	1.91
		艾蒿	1	57	0.033	8.22
		升马唐	9	17	0.006	1.65
		酢浆草	4	8	0.001	0.72
5	Ⅰ	田菁	2	44	0.019	4.58
		斑地锦	8	15	0.003	1.43
		铁苋菜	1	13	0.002	0.75
		升马唐	27	12	0.019	6.51
	Ⅱ	升马唐	19	10	0.010	3.25
		截叶铁扫帚	23	21	0.008	4.62
		斑地锦	20	15	0.015	6.26
	Ⅲ	酢浆草	4	10	0.001	0.54
		艾蒿	4	12	0.009	2.75
		狗尾草	16	35	0.017	5.76
		升马唐	10	31	0.009	2.24
6	Ⅰ	升马唐	25	13	0.015	5.87
		斑地锦	18	16	0.020	8.64
	Ⅱ	铁苋菜	18	12	0.016	6.04
		斑地锦	2	20	0.004	1.13
	Ⅲ	山莴苣	4	29	0.030	6.61
		铁苋菜	9	21	0.010	3.45
		斑地锦	9	23	0.009	3.19
7	Ⅰ	铁苋菜	8	11	0.008	2.07
		艾蒿	1	58	0.012	4.75
		小飞蓬	5	27	0.005	1.66
	Ⅱ	田菁	1	97	0.049	13.75
		斑地锦	8	13	0.002	1.11
		金色狗尾草	4	50	0.009	1.57
		铁苋菜	5	10	0.001	0.42
		升马唐	25	19	0.013	3.35
		钻形紫菀	1	34	0.003	1.11
		艾蒿	8	35	0.030	6.19
	Ⅲ	斑地锦	3	13	0.001	0.61
		铁苋菜	8	13	0.006	1.35
		狗尾草	30	26	0.019	6.31
		升马唐	27	20	0.025	7.35
		光头稗	40	28	0.069	19.51

(续表)

采样点	重复	杂草种类	杂草株数（茎数）	株高(cm)	鲜重(kg)	干重(g)
8	I	斑地锦	2	7	0.001	0.57
		铁苋菜	8	12	0.004	1.04
		艾蒿	5	29	0.024	7.10
		升马唐	10	28	0.008	1.97
		光头稗	40	28	0.069	19.51
	II	萍草	4	75	0.020	5.31
		狗尾草	26	40	0.029	9.56
		铁苋菜	26	30	0.043	13.11
	III	升马唐	12	30	0.013	3.25
		空心莲子草	3	24	0.011	2.46
		斑地锦	37	25	0.028	9.13
9	I	田菁	1	19	0.001	0.74
		升马唐	9	37	0.008	2.03
		艾蒿	11	33	0.039	12.06
	II	酢浆草	6	11	0.004	0.83
		升马唐	24	21	0.025	6.67
		旱稗	7	22	0.007	1.95
		翅果菊	3	23	0.023	6.86
	III	酢浆草	7	9	0.005	0.69
		铁苋菜	12	18	0.018	5.14
		升马唐	28	25	0.029	5.68
		狗尾草	7	26	0.008	1.99
		美女樱	5	44	0.014	4.27

（2）浙江省储备粮库舟山库厂区9个采样点杂草优势度分析

以样方密度,对厂区采样点的杂草优势度作了分析,升马唐为主要优势种,狗尾草其次,或反映了厂区以前为旱耕地,可能以种植甘薯、玉米、大豆等作物为主(表4)。铁苋菜、斑地锦也有较高的优势度,同样是旱地的主要杂草。检疫性杂草毒莴苣也表现出一定的优势度,说明毒莴苣已在调查区块归化。艾蒿有一定的优势度,但不显著。山莴苣、裂叶翅果菊是旱地的主要杂草,但在厂区9个采样点表现不明显。田菁作为快速蔓延的外来杂草,在调查区块的优势度相对偏后。

表 4　浙江省储备粮库舟山库厂区杂草优势度分析

样点	优势度1	优势度2	优势度3	优势度4	优势度5	优势度6	优势度7	优势度8	优势度9	优势度10
1	升马唐	斑地锦	毒莴苣	草木樨	狗尾草	艾蒿	酢浆草	小飞蓬	地锦	
2	升马唐	狗尾草	斑地锦	毒莴苣	黄珠子草	旱稗	酢浆草	美女樱		
3	升马唐	酢浆草	蒿蓄	钻形紫菀	斑地锦	小飞蓬				
4	升马唐	酢浆草	艾蒿	毒莴苣	钻形紫菀	多裂翅果菊				
5	截叶铁扫帚	升马唐	狗尾草	斑地锦	艾蒿	酢浆草	田菁	铁苋菜		
6	升马唐	铁苋菜	斑地锦	山莴苣						
7	狗尾草	升马唐	铁苋菜	斑地锦	小飞蓬	艾蒿	金色狗尾草	钻形紫菀	田菁	光头稗
8	光头稗	狗尾草	斑地锦	铁苋菜	升马唐	艾蒿	葎草	空心莲子草		
9	升马唐	铁苋菜	艾蒿	狗尾草	旱稗	酢浆草	美女樱	翅果菊	田菁	

(3)浙江省储备粮库舟山库外围 4 个采样点杂草种类、茎数、株高及生物量

外围按厂区坐落方位,取 1~2 个样,其中靠港口的外围采用除草剂喷杀,故未取样。样方面积 0.5m×0.5m,重复 3 次。4 个取样点出现频度最高的杂草为艾蒿和加拿大一枝黄花,与厂区存在很大的差异(表5)。其他杂草出现的频度相对较低。调查获得的杂草相对高度较大,植株高度较低的杂草分布少。外围调查区块受人工干扰相对较小,杂草间存在较强的竞争关系。

表 5　浙江省储备粮库舟山库外围 4 个采样点杂草种类、茎数、株高、鲜重和干重

采样点	重复	杂草种类	杂草株数（茎数）	株高(cm)	鲜重(kg)	干重(g)
10	Ⅰ	狗尾草	3	35	0.002	0.63
		加拿大一枝黄花	3	60	0.056	21.53
		空心莲子草	3	30	0.012	2.86
		艾蒿	13	80	0.219	92.14
		钻形紫菀	1	75	0.010	4.29
		野胡萝卜	7	72	0.020	18.28
		狗牙根	5	28	0.002	0.81
	Ⅱ	加拿大一枝黄花	26	130	0.487	164.65
		艾蒿	1	55	0.018	7.96
		鸡屎藤	2	50	0.014	4.05
		田菁	1	18	0.001	0.43
	Ⅲ	葎草	7	55	0.110	27.13
		加拿大一枝黄花	6	81	0.085	38.25
		灰绿藜	1	69	0.041	14.33
		大狗尾草	2	80	0.012	4.36
		铁苋菜	1	24	0.009	2.73
		蚘子草	2	45	0.002	0.84

（续表）

采样点	重复	杂草种类	杂草株数（茎数）	株高（cm）	鲜重（kg）	干重（g）
11	Ⅰ	加拿大一枝黄花	11	75	0.092	43.08
		狗尾草	4	27	0.004	0.84
		艾蒿	6	38	0.023	7.58
	Ⅱ	艾蒿	2	35	0.018	6.05
		狗尾草	28	48	0.089	31.62
		金色狗尾草	11	55	0.031	7.65
		牛筋草	6	38	0.012	4.19
		铁苋菜	1	24	0.014	4.55
		升马唐	4	23	0.004	0.73
		狗牙根	2	12	0.001	0.21
	Ⅲ	艾蒿	5	100	0.231	82.53
		加拿大一枝黄花	2	75	0.143	61.20
		钻形紫菀	7	95	0.170	61.83
		狗尾草	4	24	0.008	1.53
		田菁	1	14	0.001	0.13
12	Ⅰ	芦苇	5	90	0.066	34.50
		艾蒿	5	92	0.190	94.83
		毒莴苣	2	90	0.041	14.12
		空心莲子草	3	44	0.015	5.33
	Ⅱ	加拿大一枝黄花	8	120	0.423	19.80
		艾蒿	4	72	0.054	21.51
		钻形紫菀	1	98	0.012	3.07
		狗尾草	76	46	0.015	5.21
	Ⅲ	加拿大一枝黄花	8	95	0.085	34.33
		芦苇	7	100	0.047	20.64
		野胡萝卜	2	90	0.005	4.50
		双穗雀稗	6	45	0.012	6.08
		狗尾草	9	55	0.018	5.48
		牛筋草	3	21	0.002	1.21
		狗牙根	12	23	0.006	3.31
		毒莴苣	1	85	0.015	6.13
		艾蒿	4	45	0.009	2.93

(续表)

采样点	重复	杂草种类	杂草株数（茎数）	株高（cm）	鲜重（kg）	干重（g）
13	Ⅰ	加拿大一枝黄花	4	120	0.145	57.31
		艾蒿	4	80	0.129	58.03
		钻形紫菀	4	80	0.088	20.82
		空心莲子草	3	50	0.082	17.51
	Ⅱ	空心莲子草	9	45	0.042	8.35
		乌蔹莓	2	40	0.013	1.91
		圆叶牵牛	6	58	0.077	14.27
		醴肠	9	30	0.083	14.74
	Ⅲ	芦苇	5	140	0.237	94.78
		加拿大一枝黄花	2	174	0.207	91.83
		钻形紫菀	1	100	0.017	5.32
		鳢肠	2	30	0.016	3.52
		白茅	8	55	0.014	5.92
		虮子草	7	40	0.013	3.42
		马齿苋	5	18	0.014	5.05
		苦苣菜	1	39	0.003	0.54

（4）浙江省储备粮库舟山库外围4个采样点杂草优势度分析

以样方密度,对浙江省储备粮库舟山库外围采样点的杂草优势度作了分析,狗尾草、加拿大一枝黄花为主要优势种,艾蒿也有一定的优势度(表6)。检疫性杂草毒莴苣的优势度较小,而外来杂草钻形紫菀、空心莲子草等具有一定的优势度。

表6　浙江省储备粮库舟山库厂区杂草优势度分析

样点	优势度1	优势度2	优势度3	优势度4	优势度5	优势度6	优势度7	优势度8	优势度9	优势度10
10	加拿大一枝黄花	艾蒿	葎草	野胡萝卜	狗牙根	狗尾草	空心莲子草	鸡屎藤	虮子草	大狗尾草
11	狗尾草	加拿大一枝黄花	艾蒿	金色狗尾草	钻形紫菀	牛筋草	升马唐	狗牙根	铁苋菜	田菁
12	狗尾草	加拿大一枝黄花	艾蒿	狗牙根	芦苇	双穗雀麦	牛筋草	野胡萝卜	毒莴苣	钻形紫菀
13	空心莲子草	鳢肠	加拿大一枝黄花	白茅	虮子草	圆叶牵牛	马齿苋	乌蔹莓	钻形紫菀	苦苣菜

（5）舟山中海粮油工业有限公司厂区9个采样点杂草种类、茎数、株高及生物量

厂区采用"S"型9点法取样,样方面积0.5m×0.5m,重复3次。9个取样点出现频度最高的杂草为艾蒿,狗尾草、加拿大一枝黄花等也有较高的频度(表7)。厂区调查获得的植株多数相对较高,表现为弃耕、荒芜特征。对光照要求较高、水分需求多的杂草生长量小。攀缘植物、外来植物在厂区数量多,分布广,是厂区的主要植物群落结构。

表7 舟山中海粮油工业有限公司厂区9个采样点杂草种类、茎数、株高、鲜重和干重

采样点	重复	杂草种类	杂草株数（茎数）	株高（cm）	鲜重（kg）	干重（g）
14	I	艾蒿	27	64	0.109	40.20
		山莴苣	1	81	0.046	15.91
		毒莴苣	3	90	0.018	6.50
		狗尾草	2	70	0.005	1.42
	II	饭包草	30	63	0.142	44.6
		马齿苋	8	20	0.044	2.67
		鸭跖草	20	54	0.099	16.04
		葎草	4	68	0.030	6.79
		狗牙根	6	30	0.008	2.23
	III	艾蒿	3	90	0.051	21.04
		葛藤	3	60	0.045	13.80
15	I	假高粱	1	33	0.017	3.10
		艾蒿	4	90	0.032	10.97
		鸡眼草	5	50	0.005	1.12
		狗尾草	28	60	0.037	4.94
	II	艾蒿	5	55	0.023	6.07
		鸡眼草	12	45	0.014	3.54
		狗尾草	25	35	0.012	10.4
		小藜	9	40	0.051	15.78
		葎草	2	40	0.005	1.90
	III	葎草	13	60	0.055	17.07
		艾蒿	7	80	0.043	21.54
		翅果菊	1	35	0.023	3.97
		鸭跖草	2	4	0.005	0.32
		圆叶牵牛	2	32	0.012	2.87
16	I	空心莲子草	8	45	0.029	5.23
		艾蒿	8	75	0.086	26.89
		狗尾草	1	38	0.005	0.91
		加拿大一枝黄花	11	187	0.332	119.62
	II	翅果菊	2	110	0.268	75.96
		艾蒿	16	95	0.163	35.25
	III	黄花蒿	1	125	0.159	63.12
		翅果菊	1	55	0.022	3.34
		艾蒿	11	65	0.094	30.18

（续表）

采样点	重复	杂草种类	杂草株数（茎数）	株高（cm）	鲜重（kg）	干重（g）
17	I	葎草	6	50	0.074	18.72
		艾蒿	8	80	0.126	42.50
		加拿大一枝黄花	3	120	0.096	35.60
	II	加拿大一枝黄花	4	135	0.137	54.54
		毒莴苣	2	130	0.129	42.42
		艾蒿	6	95	0.093	40.75
	III	毒莴苣	4	95	0.017	10.64
		艾蒿	11	105	0.107	31.10
		翅果菊	2	90	0.204	49.39
		黄花蒿	1	59	0.010	15.50
		狗尾草	10	55	0.019	6.44
18	I	艾蒿	4	45	0.041	6.52
		狗尾草	18	60	0.080	30.17
	II	钻形紫菀	6	110	0.211	15.83
		艾蒿	3	95	0.121	12.05
		双穗雀稗	3	53	0.013	5.44
		芦苇	6	60	0.015	3.78
	III	灰绿藜	1	53	0.012	4.07
		狗尾草	21	30	0.047	7.13
		艾蒿	3	40	0.028	4.96
19	I	艾蒿	13	85	0.133	54.77
		加拿大一枝黄花	3	130	0.251	73.65
		狗尾草	8	19	0.004	0.57
	II	狗尾草	8	45	0.017	4.75
		钻形紫菀	1	80	0.010	8.38
		艾蒿	3	65	0.036	19.55
		毒莴苣	3	120	0.032	22.96
	III	葛藤	6	40	0.116	13.3
		狗尾草	6	35	0.007	1.88
		艾蒿	3	60	0.053	18.27
		双穗雀稗	1	45	0.003	0.78
20	I	狗尾草	4	30	0.005	0.58
		艾蒿	4	85	0.100	34.58
		截叶铁扫帚	7	105	0.159	82.33
	II	艾蒿	2	105	0.059	21.68
		加拿大一枝黄花	4	140	0.302	32.54
		翅果菊	1	98	0.073	19.15
	III	加拿大一枝黄花	1	95	0.040	16.26
		野胡萝卜	1	82	0.003	1.96
		艾蒿	7	62	0.064	24.20
		狗尾草	16	47	0.043	14.10

（续表）

采样点	重复	杂草种类	杂草株数（茎数）	株高（cm）	鲜重（kg）	干重（g）
21	I	乌蔹莓	5	60	0.061	8.32
		斑地锦	10	270	0.017	4.65
		狗尾草	18	52	0.046	8.65
		双穗雀稗	9	24	0.015	3.58
		虮子草	5	30	0.001	0.80
		铁苋菜	1	37	0.008	3.95
	II	加拿大一枝黄花	1	170	0.089	30.33
		艾蒿	11	160	0.521	243.59
	III	加拿大一枝黄花	1	160	0.494	183.54
		艾蒿	2	52	0.035	10.25
22	I	艾蒿	7	95	0.261	71.53
		加拿大一枝黄花	2	80	0.063	24.44
		葎草	2	40	0.010	3.63
	II	翅果菊	1	57	0.055	14.76
		艾蒿	2	78	0.034	3.87
		乌蔹莓	11	50	0.231	34.68
	III	加拿大一枝黄花	8	155	0.277	123.15
		艾蒿	3	80	0.045	22.06

（6）舟山中海粮油工业有限公司厂区9个采样点杂草优势度分析

厂区采样点,优势度杂草为艾蒿、狗尾草,加拿大一枝黄花也表现出一定的优势度（表8）。葎草、葛藤、乌蔹莓等攀缘植物也表现出一定的优势度。饭包草、鸭跖草在局部采样点为优势种。毒莴苣在厂区荒芜区块具有一定的优势度。耐旱、耐贫瘠的杂草,如山莴苣、铁苋菜等在厂区采样点有局部发生。

表8　舟山中海粮油工业有限公司厂区杂草优势度分析

样点	优势度1	优势度2	优势度3	优势度4	优势度5	优势度6	优势度7	优势度8	优势度9	优势度10
14	饭包草	艾蒿	鸭跖草	马齿苋	狗牙根	葎草	毒莴苣	葛藤	狗尾草	山莴苣
15	狗尾草	艾蒿	葎草	小藜	鸡眼草	鸭跖草	圆叶牵牛	翅果菊	假高粱	
16	艾蒿	加拿大一枝黄花	空心莲子草	翅果菊	狗尾草	黄花蒿				
17	艾蒿	狗尾草	加拿大一枝黄花	葎草	毒莴苣	翅果菊	黄花蒿			
18	狗尾草	艾蒿	芦苇	钻形紫菀	双穗雀稗	灰绿藜				
19	狗尾草	艾蒿	葛藤	加拿大一枝黄花	毒莴苣	钻形紫菀	双穗雀稗			
20	狗尾草	艾蒿	截叶铁扫帚	加拿大一枝黄花	翅果菊	野胡萝卜				
21	狗尾草	艾蒿	双穗雀稗	斑地锦	乌蔹莓	虮子草	加拿大一枝黄花	铁苋菜		
22	艾蒿	加拿大一枝黄花	乌蔹莓	葎草	翅果菊					

(7)舟山中海粮油工业有限公司厂区外围 5 个采样点杂草种类、茎数、株高及生物量

厂区外围靠港口的区块由于喷洒除草剂,故不采样。样方面积 0.5m×0.5m,重复 3 次。5 个取样点出现频度高的杂草有狗牙根、斑地锦、狗尾草、萑草、升马唐、艾蒿等,与厂区内存在很大的差异性,反映出了外围多用于农作物种植或曾为旱耕作地(表9)。但从个别样点的杂草分布看,取样点也存在荒芜区或多年未曾耕作情况。外围检疫性杂草有毒莴苣和假高粱,但分布区块小,为非优势种。

表 9 舟山中海粮油工业有限公司厂区外围 5 个采样点杂草种类、茎数、株高、鲜重和干重

采样点	重复	杂草种类	杂草株数 (茎数)	株高(cm)	鲜重(kg)	干重(g)
23	I	萑草	15	50	0.346	98.34
	II	斑地锦	12	11	0.005	1.21
		艾蒿	1	54	0.008	2.56
		狗牙根	20	37	0.065	26.55
		截叶铁扫帚	3	20	0.005	1.85
		田菁	1	37	0.010	1.25
	III	萑草	2	20	0.005	3.24
		升马唐	16	37	0.071	18.45
		饭包草	24	38	0.261	159.66
24	I	虮子草	5	34	0.008	2.58
		龙葵	3	18	0.014	2.58
		马齿苋	5	25	0.037	21.82
		斑地锦	20	26	0.022	6.55
		狗牙根	20	30	0.055	20.66
	II	翅果菊	1	56	0.055	16.12
		毒莴苣	11	87	0.018	5.87
		龙葵	3	35	0.053	19.88
		萑草	8	50	0.115	33.20
	III	圆叶牵牛	2	52	0.007	1.77
		萑草	4	38	0.013	2.94
		狗尾草	5	40	0.010	5.28
		乌蔹莓	13	34	0.067	9.16

（续表）

采样点	重复	杂草种类	杂草株数（茎数）	株高（cm）	鲜重（kg）	干重（g）
25	I	空心莲子草	5	30	0.013	3.53
		长芒稗	12	47	0.067	21.64
		升马唐	14	45	0.020	8.08
		狗牙根	23	50	0.043	10.83
		旱稗	1	74	0.010	1.23
		狗尾草	16	43	0.028	18.02
		葎草	11	38	0.046	14.52
		艾蒿	6	39	0.024	8.53
	II	牛筋草	4	20	0.001	0.56
		水莎草	1	21	0.001	0.23
		狗牙根	7	35	0.004	2.53
		升马唐	6	32	0.005	1.75
		狗尾草	32	50	0.075	29.98
		田菁	3	50	0.035	10.15
		小白花牵牛	1	64	0.001	0.49
		无芒稗	29	35	0.035	13.73
	III	升马唐	50	48	0.080	25.63
		无芒稗	2	62	0.015	4.83
		长芒稗	8	73	0.068	18.91
		牛筋草	1	47	0.001	1.35
		水莎草	1	31	0.001	0.43
		裂叶牵牛	6	47	0.031	8.23
		绵毛酸模叶蓼	3	43	0.028	7.11
		斑地锦	21	22	0.012	2.92
26	I	升马唐	17	58	0.037	13.36
		牛筋草	3	32	0.003	0.95
		光头稗	1	45	0.002	0.41
		艾蒿	1	100	0.042	15.05
		假高粱	1	135	0.027	18.85
		铁苋菜	1	23	0.005	1.31
	II	葎草	7	45	0.053	11.86
		空心莲子草	2	40	0.005	2.17
		升马唐	31	55	0.062	16.91
		狗尾草	4	55	0.017	4.84
		田菁	1	82	0.028	7.29
		圆叶牵牛	6	50	0.055	10.62
		无芒稗	1	65	0.003	0.72
	III	艾蒿	4	56	0.089	27.92
		升马唐	4	56	0.010	2.68
		田菁	2	90	0.049	14.07
		斑地锦	35	36	0.029	9.62

（续表）

采样点	重复	杂草种类	杂草株数（茎数）	株高（cm）	鲜重（kg）	干重（g）
27	Ⅰ	石荠苎	2	32	0.008	1.52
		空心莲子草	3	16	0.003	0.31
		艾蒿	3	85	0.062	29.06
		狗牙根	34	40	0.051	21.33
	Ⅱ	葛藤	10	60	0.119	31.12
		葎草	3	28	0.011	2.52
		艾蒿	1	100	0.037	14.88
	Ⅲ	小飞蓬	2	54	0.019	5.4
		普陀狗哇花	2	110	0.051	2.88
		葎草	2	50	0.010	2.22
		鸭跖草	2	24	0.005	1.48
		截叶铁扫帚	1	43	0.010	3.84
		艾蒿	3	57	0.031	8.25
		铁苋菜	1	15	0.003	0.76

（8）舟山中海粮油工业有限公司外围5个采样点杂草优势度分析

外围采样点，优势度杂草为狗牙根、斑地锦、升马唐，狗尾草、葎草等也表现出一定的优势度（表10）。检疫性杂草毒莴苣具有一定优势度，而假高粱则优势度相对较低。截叶铁扫帚、石荠苎、翅果菊等优势度不高。

表10　舟山中海粮油工业有限公司外围杂草优势度分析

样点	优势度1	优势度2	优势度3	优势度4	优势度5	优势度6	优势度7	优势度8	优势度9	优势度10
23	饭包草	狗牙根	葎草	升马唐	斑地锦	截叶铁扫帚	艾蒿	田菁		
24	狗牙根	斑地锦	乌蔹莓	毒莴苣	葎草	龙葵	虮子草	狗尾草	圆叶牵牛	翅果菊
25	升马唐	狗牙根	狗尾草	斑地锦	长芒稗	葎草	裂叶牵牛	空心莲子草	绵毛酸模叶蓼	田菁
26	升马唐	斑地锦	葎草	圆叶牵牛	狗尾草	空心莲子草	田菁	牛筋草	假高粱	铁苋菜
27	狗牙根	葛藤	艾蒿	空心莲子草	鸭跖草	普陀狗哇花	小飞蓬	石荠苎	截叶铁扫帚	

 **第5部分** 老塘山港区1km范围秋季
栽培作物

5.1 老塘山港区 1km 范围秋季十字花科栽培作物

5.1.1 萝卜 *Raphanus sativus* Linn.
　　分类地位：十字花科（Cruciferae）萝卜属（*Raphanus* Linn.）

5.1.2 白菜 *Brassica pekinensis* （Lour.）Rupr.
　　分类地位：十字花科（Cruciferae）芸薹属（*Brassica* Linn.）

5.1.3 青菜 *Brassica chinensis* Linn.

分类地位：十字花科(Cruciferae)芸薹属(*Brassica* Linn.)

5.2 老塘山港区 1km 范围秋季豆科栽培作物

5.2.1 花生 *Arachis hypogaea* Linn.

分类地位：豆科(Leguminosae)落花生属(*Arachis* Linn.)

5.2.2 扁豆 *Dolichos lablab* Linn.

分类地位：豆科(Leguminosae)扁豆属(*Dolichos* Linn.)

5.2.3 菜豆(四季豆)*Phaseolus vulgaris* Linn.
分类地位:豆科(Leguminosae)菜豆属(*Phaseolus* Linn.)

5.2.4 豇豆(长豇豆) *Vigna unguiculata* (Linn.) Walp.
分类地位:豆科(Leguminosae)豇豆属(*Vigna* Savi)

5.2.5 乌豇豆 *Vigna cylindrica* (Linn.) Skeels
分类地位:豆科(Leguminosae)豇豆属(*Vigna* Savi)

5.2.6　大豆 *Glycine max*（Linn.）Merr.

　　分类地位：豆科（Leguminosae）大豆属（*Glycine* Willd.）

5.3　老塘山港区 1km 范围秋季旋花科栽培作物

5.3.1　甘薯 *Ipomoea batatas*（Linn.）Lam.

　　分类地位：旋花科（Convolvulaceae）甘薯属（*Ipomoea* Linn.）

5.4　老塘山港区 1km 范围秋季茄科栽培作物

5.4.1　辣椒 *Capsicum annuum* Linn.

　　分类地位：茄科（Solanaceae）辣椒属（*Capsicum* Linn.）

5.4.2 菜椒 *Capsicum annuum* Linn. var. *grossum*（Linn.）Sendt.

分类地位：茄科（Solanaceae）辣椒属（*Capsicum* Linn.）

5.4.3 茄 *Solanum melongena* Linn.

分类地位：茄科（Solanaceae）茄属（*Solanum* Linn.）

5.4.4 樱桃番茄 *Lycopersicon esculentum* Mill.

分类地位：茄科（Solanaceae）番茄属（*Lycopersicon* Mill.）

5.5　老塘山港区 1km 范围秋季葫芦科栽培作物

5.5.1　黄瓜 *Cucumis sativus* Linn.
　　分类地位：葫芦科（Cucurbitaceae）黄瓜属（*Cucumis* Linn.）

5.5.2　甜瓜 *Cucumis melo* Linn.
　　分类地位：葫芦科（Cucurbitaceae）黄瓜属（*Cucumis* Linn.）

5.5.3　葫芦 *Lagenaria siceraria*（Molina）Standl.
　　分类地位：葫芦科（Cucurbitaceae）葫芦属（*Lagenaria* Ser.）

5.5.4 南瓜 *Cucurbita moschata*（Duch.）Duch.

　　分类地位：葫芦科（Cucurbitaceae）南瓜属（*Cucurbita* Linn.）

5.6 老塘山港区 **1km** 范围秋季禾本科栽培作物

5.6.1 水稻 *Oryza sativa* Linn.

　　分类地位：禾本科（Graminaea）稻属（*Oryza* Linn.）

5.6.2 玉米 *Zea mays* Linn.

　　分类地位：禾本科（Graminaea）玉蜀黍属（*Zea* Linn.）

5.7 老塘山港区 1km 范围秋季其他栽培作物

5.7.1 苋 *Amaranthus tricolor* Linn.
分类地位：苋科（Amaranthaceae）苋属（*Amaranthus* Linn.）

5.7.2 葱 *Allium fistulosum* Linn.
分类地位：百合科（Liliaceae）葱属（*Allium* Linn.）

5.7.3 大蒜 *Allium sativum* Linn.
分类地位：百合科（Liliaceae）葱属（*Allium* Linn.）

5.7.4 韭菜 *Allium tuberosum* Rottl. ex Spreng

分类地位：百合科（Liliaceae）葱属（*Allium* Linn.）

5.7.5 芋 *Colocasia esculenta*（Linn.）Schott

分类地位：天南星科（Araceae）芋属（*Colocasia* Schott）

5.7.6 乌菱 *Trapa bicornis* Osbeck

分类地位：菱科（Trapaceae）菱属（*Trapa* Linn.）

5.7.7　秋葵 *Abelmoschus esculentus*（Linn.）Moench

　　分类地位：锦葵科（Malvaceae）秋葵属（*Abelmoschus* Medic.）

结　语

　　杂草周而复始生长，为生物多样性提供了基础。弃耕地、荒芜地、旷野往往杂草丛生，种间、种内竞争都十分激烈，展现了自然界千姿百态的生境。自然区块杂草本底具有相对的稳定性、特色性，但受人类或外界干扰，植物的群落结构会发生很大变化，或使本地物种弱化、衰竭。港口是受人类活动干预较大的区块，杂草种子、果实等植物器官往往通过进口粮食夹带，长距离传送，或遇合适环境生存、繁衍。因此，加强外来种的监管、监控、防治对我国的生态安全、物种安全等具有重要意义。本项目在以港口为中心向四周辐射 1km 范围内展开调查，获得的研究结果主要反映了舟山老塘山区块秋季的杂草种类及群落特征。根据进口的作物种类，对禾本科、十字花科、豆科等作物也展开了调查，但栽培作物分散、自发性强，对管理会产生一定难度。为了更好地反映舟山老塘山区块的杂草及栽培作物特性，至少需要在春季展开 1 次调查，使数据和结果更有说服力。本项目的所有图谱为徐正浩博士拍摄，提供到报告中的目的是为了使阅读更具感性。由于本人水平有限，报告中错误在所难免，敬请指正！

图书在版编目(CIP)数据

舟山市老塘山港区秋季杂草种类及群落结构特征 /
殷汉华主编. —杭州:浙江大学出版社,2015.6
ISBN 978-7-308-14769-9

Ⅰ.①舟… Ⅱ.①殷… Ⅲ.①杂草—品种—研究—舟
山市②杂草—群落生态学—研究—舟山市 Ⅳ.①S451

中国版本图书馆 CIP 数据核字(2015)第 121844 号

舟山市老塘山港区秋季杂草种类及群落结构特征
殷汉华　主编

责任编辑	石国华	
封面设计	刘依群	
出版发行	浙江大学出版社	
	（杭州市天目山路 148 号　邮政编码 310007）	
	（网址：http://www.zjupress.com）	
排　　版	杭州星云光电图文制作有限公司	
印　　刷	浙江印刷集团有限公司	
开　　本	710mm×1000mm　1/16	
印　　张	12.75	
字　　数	260 千	
版 印 次	2015 年 6 月第 1 版　2015 年 6 月第 1 次印刷	
书　　号	ISBN 978-7-308-14769-9	
定　　价	50.00 元	